科学是永无止境的，它是一个永恒之谜。

——爱因斯坦

《"中国制造2025"出版工程》
编　委　会

波浪能发电装置设计与制造

刘延俊　著

化学工业出版社
·北　京·

波浪能发电装置作为最有潜力的可再生能源装备以及海洋能源开发装置之一，具有广阔的发展前景。本书基于海洋能和波浪能的基础知识和相关理论，详细介绍了波浪能发电装置的分类和模型实验，我国波浪能分布及波浪能发电装置选址，波浪能发电装置的设计、制造和试验，涵盖了波浪能发电装置设计制造的方方面面，并给出了典型的设计实例，内容系统全面、技术新颖。本书可供海洋工程、能源开发等相关行业的工程技术人员、研究人员及师生阅读参考。

图书在版编目（CIP）数据

波浪能发电装置设计与制造/刘延俊著. —北京：化学工业出版社，2019.3

“中国制造 2025”出版工程

ISBN 978-7-122-33806-8

Ⅰ.①波…　Ⅱ.①刘…　Ⅲ.①波浪能-海浪发电-发电设备-设计　Ⅳ.①TM612

中国版本图书馆 CIP 数据核字（2019）第 015220 号

责任编辑：曾　越　张兴辉　　文字编辑：陈　喆

责任校对：边　涛　　装帧设计：尹琳琳

出版发行：化学工业出版社（北京市东城区青年湖南街 13 号　邮政编码 100011）

印　　装：三河市延风印装有限公司

710mm×1000mm　1/16　印张 12¾　字数 234 千字　2019 年 5 月北京第 1 版第 1 次印刷

购书咨询：010-64518888　　售后服务：010-64518899

网　　址：http://www.cip.com.cn

凡购买本书，如有缺损质量问题，本社销售中心负责调换。

定　　价：89.00 元

序

制造业是国民经济的主体，是立国之本、兴国之器、强国之基。近十年来，我国制造业持续快速发展，综合实力不断增强，国际地位得到大幅提升，已成为世界制造业规模最大的国家。但我国仍处于工业化进程中，大而不强的问题突出，与先进国家相比还有较大差距。为解决制造业大而不强、自主创新能力弱、关键核心技术与高端装备对外依存度高等制约我国发展的问题，国务院于 2015 年 5 月 8 日发布了“中国制造 2025”国家规划。随后，工信部发布了“中国制造 2025”规划，提出了我国制造业“三步走”的强国发展战略及 2025 年的奋斗目标、指导方针和战略路线，制定了九大战略任务、十大重点发展领域。2016 年 8 月 19 日，工信部、国家发展改革委、科技部、财政部四部委联合发布了“中国制造 2025”制造业创新中心、工业强基、绿色制造、智能制造和高端装备创新五大工程实施指南。

为了响应党中央、国务院做出的建设制造强国的重大战略部署，各地政府、企业、科研部门都在进行积极的探索和部署。加快推动新一代信息技术与制造技术融合发展，推动我国制造模式从“中国制造”向“中国智造”转变，加快实现我国制造业由大变强，正成为我们新的历史使命。当前，信息革命进程持续快速演进，物联网、云计算、大数据、人工智能等技术广泛渗透于经济社会各个领域，信息经济繁荣程度成为国家实力的重要标志。增材制造（3D 打印）、机器人与智能制造、控制和信息技术、人工智能等领域技术不断取得重大突破，推动传统工业体系分化变革，并将重塑制造业国际分工格局。制造技术与互联网等信息技术融合发展，成为新一轮科技革命和产业变革的重大趋势和主要特征。在这种中国制造业大发展、大变革背景之下，化学工业出版社主动顺应技术和产业发展趋势，组织出版《“中国制造 2025”出版工程》丛书可谓勇于引领、恰逢其时。

《“中国制造 2025”出版工程》丛书是紧紧围绕国务院发布的实施制造强国战略的第一个十年的行动纲领——“中国制造 2025”的一套高水平、原创性强的学术专著。丛书立足智能制造及装备、控制及信息技术两大领域，涵盖了物联网、大数据、3D打印、机器人、智能装备、工业网络安全、知识自动化、人工智能等一系列核心技术。丛书的选题策划紧密结合“中国制造2025”规划及11个配套实施指南、行动计划或专项规划，每个分册针对各个领域的一些核心技术组织内容，集中体现了国内制造业领域的技术发展成果，旨在加强先进技术的研发、推广和应用，为“中国制造2025”行动纲领的落地生根提供了有针对性的方向引导和系统性的技术参考。

这套书集中体现以下几大特点：

首先，丛书内容都力求原创，以网络化、智能化技术为核心，汇集了许多前沿科技，反映了国内外最新的一些技术成果，尤其使国内的相关原创性科技成果得到了体现。这些图书中，包含了获得国家与省部级诸多科技奖励的许多新技术，因此，图书的出版对新技术的推广应用很有帮助！这些内容不仅为技术人员解决实际问题，也为研究提供新方向、拓展新思路。

其次，丛书各分册在介绍相应专业领域的新技术、新理论和新方法的同时，优先介绍有应用前景的新技术及其推广应用的范例，以促进优秀科研成果向产业的转化。

丛书由我国控制工程专家孙优贤院士牵头并担任编委会主任，吴澄、王天然、郑南宁等多位院士参与策划组织工作，众多长江学者、杰青、优青等中青年学者参与具体的编写工作，具有较高的学术水平与编写质量。

相信本套丛书的出版对推动“中国制造2025”国家重要战略规划的实施具有积极的意义，可以有效促进我国智能制造技术的研发和创新，推动装备制造业的技术转型和升级，提高产品的设计能力和技术水平，从而多角度地提升中国制造业的核心竞争力。

中国工程院院士 潘云鹤

前言

能源和环境问题一直受到各国政府、国际组织和普通民众的高度关注，发展可再生能源已成为全球共识。波浪能作为可再生海洋能，具有巨大的开发潜力，是一种极具发展前景的清洁能源，已有二百多年的开发历史，近几年取得了许多突破性进展，不同形式的波浪能利用装置相继被制造出来。

我国自20世纪70年代开始波浪能的研究工作，80年代后获得较快发展，主要研究机构有国家海洋技术中心、中国科学院广州能源研究所以及各大高校等，先后制造了摆式发电装置、航标式微型波能转换装置、多谐振荡水柱型沿岸固定式电站、岸式振荡浮子发电站、直驱式海试装置等不同类型的波浪能发电装置。波浪能利用技术经历了理论论证到样机海试的过程，从能够发电向稳定发电方向进展，正在逐步走向成熟。

目前，国内相关单位在波浪能发电装置的设计和制造方面积累了丰富经验，但实现大规模、商业化应用还有一定距离，一是因为效率和可靠性还有待提高，二是波浪能行业还没有现成标准和规范。著者近年来一直从事海洋可再生能源技术与装备、深海探测技术与装备的开发研究工作，带领团队承担并完成了“国家海洋局可再生能源专项资金项目‘120kW漂浮式液压海浪发电站中试’”“横轴转子波浪能发电装置”“沉积物捕获器”“海底底质沉积物声学现场探测设备优化设计与研制”等海洋相关项目，在海洋装备与波浪能开发利用技术方面取得了丰硕成果并积累了宝贵经验。

为了进一步推动我国波浪能发电技术的发展，普及波浪能发电装置设计制造的相关知识和技术，促进波浪能的广泛应用，本书分析了当前波浪能及相关海洋能的发展现状，对波浪能理论进行了推导，列举了几种常见的波浪能转换系统，对液压转换系统和控制系统进行了详细的设计和分析，并以著者团队承担的漂浮式液压海浪发电装置为例完整地介绍了波浪能发电装置的实施海域水文资料、理论分析、机械结构与电气控制系统设计、装置制造、试验测试，以及陆地和实海况试验等过程。期望能够对从事波浪能技术研究的相关人员起到抛砖引玉的作用。

本书由山东大学机械工程学院、高效洁净机械制造教育部重点实验室、海洋研究院刘延俊结合多年从事波浪能发电装备开发研究的经验编写，在编写过程中，团队成员李世振、张伟、张健、薛钢、贺彤彤、杨晓玮、颜飞、孙景余、刘婧文、漆焱、丁洪鹏、武爽、孟忠良、侯云星、薛海峰等在文献收集、文字录入等方面做了大量工作。

由于学识水平有限，书中不足之处在所难免，恳求广大读者和从事相关研究的专家及同行批评指正。

著者

目录

中国制造
2025

第1章

绪论

当代社会经济发展对能源的需求无限增长，而传统能源的开发与利用是有限的，且对环境有一定破坏作用。以可再生能源为标志的新能源，具有开发与应用的巨大潜力，并对环境破坏很小，海洋能就是这样的新能源。人类对于海洋能源的研究、开发与应用，总体上还处于起步阶段。我国是一个能源消耗大国，对于新能源的开发是当前研究的热点。

在我们生活的这个星球，海洋面积占了总面积的71%。海洋中蕴含着丰富的生物资源、矿物资源以及海洋能资源，在不久的将来，其必将成为世界经济社会发展的重要资源宝库。

所谓“海洋能”，目前学术界没有明确且统一的定义，大致可以分为广义和狭义两种。广义的海洋能，指海洋能源，即海洋中存在的能源，不论是海洋中蕴藏的，还是海洋产生的。中国工程院曾恒一院士、中国社会科学院工业经济研究所史丹研究员等学者认为海洋能包括海洋石油、海洋天然气、海洋天然气水化合物、海水能。狭义的海洋能，指海洋滋生、海水运动产生的能量，例如潮汐能、波浪能、海流能、温差能、盐差能等。目前学术界在研究海洋能时，更多时候指狭义的海洋能，而官方在发布政策制度时，多使用广义的海洋能。狭义的海洋能也称“海洋新能源”，这主要是相对于传统海洋能源而说的。还有人将海洋能源分为不可再生的海洋能源和可再生的海洋能源。不可再生的海洋能源就是指传统海洋能源，可再生的海洋能源则指海洋新能源，也就是本文所指的“海洋能”。

1.1 海洋能分类

海洋能通常是指海洋中所特有的，依附于海水的可再生自然能源，即潮汐能、潮流能、波浪能、海流能、温差能和盐差能。究其成因，除潮汐能和潮流能是由于月球和太阳引潮力作用产生以外，其他海洋能均来源于太阳辐射。

海洋能按能量的储存形式可分为机械能、热能和物理化学能。海洋机械能也称流体力学能，包括潮汐能、波浪能、海流能；海洋热能是指温差能，也称海洋温度梯度能；海洋物理化学能是指盐差能，也称海洋盐度梯度能、浓差能。

1.1.1 潮汐能

在地球与月球、太阳做相对运动中产生的作用于地球上海水的引潮力（惯性离心力与月球或太阳引力的矢量和，见图 1-1），使地球上的海水形成周期性的涨落潮现象。这种涨落潮运动包含两种运动形式：涨潮时，随着海水向岸边流动，岸边的海水水位不断上升，海水流动的动能转化为势能；落潮时，随着海水的离岸流动，岸边的海水水位不断下降，海水的势能又转化为动能。通常称水位的垂直上升和下降为潮汐，海水的向岸和离岸流动为潮流。海水的涨、落潮运动所携带的能量也由两部分组成，海水的垂直升、降携带的能量为势能，即潮汐能；海水的流动携带的能量为动能，即潮流能。我们的祖先为了表示生潮的时刻，把发生在早晨的高潮叫潮，发生在晚上的高潮叫汐。

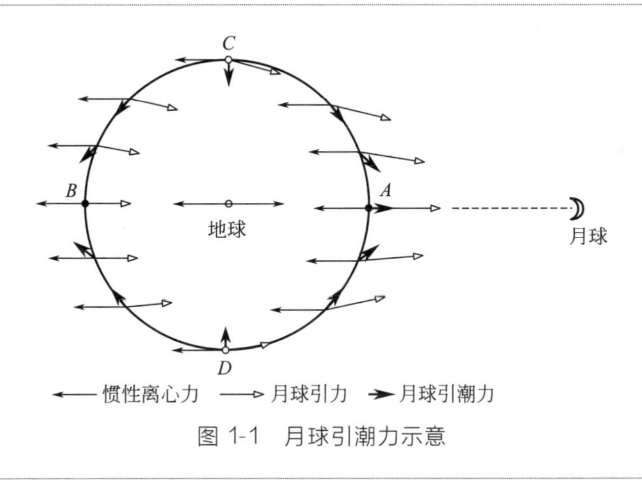

图 1-1　月球引潮力示意

潮汐根据周期又可分为以下三类：半日潮型、全日潮型、混合潮型。半日潮型是指一个太阳日内出现两次高潮和两次低潮，前一次高潮和低潮的潮差与后一次高潮和低潮的潮差大致相同，涨潮过程和落潮过程的时间也几乎相等，如我国渤海、东海、黄海的多数地点为半日潮型。全日潮型是指一个太阳日内只有一次高潮和一次低潮，如南海汕头、渤海秦皇岛等。混合潮型是指一月内有些日子出现两次高潮和两次低潮，但两次高潮和低潮的潮差相差较大，涨潮过程和落潮过程的时间也不等，而另一些日子则出现一次高潮和一次低潮，如我国南海多数地点属混合潮型。

潮汐的能量与涨、落潮的潮水量以及潮差（一个潮汐周期内最高潮水位与最低潮水位之差，见图 1-2）成正比，因为一个潮汐周期内涨潮和落潮的水量为水库平均面积与潮差的乘积，所以也可以说潮汐的能量与潮差的平方以及水库平均面积成正比。

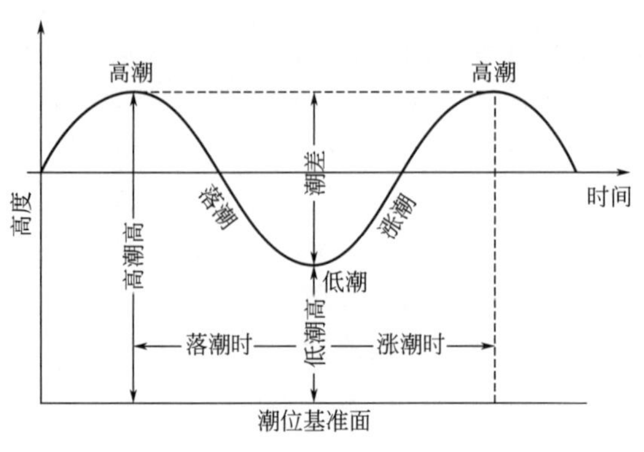

图 1-2 潮汐水位涨落示意

1.1.2 波浪能

波浪能是指海洋表面波浪所具有的动能和势能，是海面在风力作用下产生的波浪运动所具有的能量，它实质上是吸收了风能而形成的。波浪的能量与波高的平方、波浪的运动周期以及迎波面的宽度成正比。

全世界波浪能的理论估算值为 10^9kW 量级。利用中国沿海海洋观测台站资料估算得到，中国沿海理论波浪年平均功率约为 1.3×10^7kW。但由于不少海洋台站的观测地点处于内湾或风浪较小位置，实际的沿海波浪功率要大于此值。波浪能量巨大，存在广泛，吸引着人们想尽各种办法利用海浪。

波浪能具有能量密度高、分布面广等优点。它是一种取之不竭的可再生清洁能源。尤其是在能源消耗较大的冬季，可以利用的波浪能能量也最大。小功率的波浪能发电，已在导航浮标、灯塔等方面获得推广应用。我国有广阔的海洋资源，沿海波浪能能流密度为 2～7kW/m。在能流密度高的地方，每 1m 海岸线外波浪的能流就足以为 20 个家庭提供照明。

最早的波浪能利用机械发明专利是 1799 年法国人吉拉德父子获得的。1854～1973 年的百余年间，英国登记了波浪能发明专利 340 项，美国为 61 项。在法国，则可查到有关波浪能利用技术的 600 种说明书。

中国波浪能发电研究成绩也很显著。20 世纪 70 年代以来，上海、青岛、广州和北京等地的研究单位开展了此项研究。用于航标灯的波浪能发电装置也已投入批量生产。向海岛供电的岸式波浪能电站也在试验之中。

波浪能装置分为设置在岸上的和漂浮在海里的两种。按能量传递形式分类有直接机械传动、低压水力传动、高压液压传动、气压传动四种。具体有点头鸭式、波面筏式、波浪能发电船式、环礁式、整流器式、海蚌式、软袋式、振荡水柱式、多共振荡水柱式、波流式、摆式、结合防波堤的振荡水柱式、收缩水道式等十余种。

1.1.3 海流能

海流能是指海水流动的动能，主要是指海底水道和海峡中较为稳定的流动以及由于潮汐导致的有规律的海水流动所产生的能量，其中一种是海水环流，是指大量的海水从一个海域长距离地流向另一个海域。

海流和潮流的能量与流速的平方以及流量成正比，因为流量为流速与过流面积的乘积，所以也可以说海流和潮流的能量与流速的立方成正比。海流能的利用方式主要是发电，其原理和风力发电相似，几乎任何一个风力发电装置都可以改造成为海流发电装置。由于其放置于水下，海流发电存在着一系列的关键技术问题，包括安装维护、电力输送、防腐、海洋环境中的载荷与安全性能等。海流发电装置主要有轮叶式、降落伞式和磁流式。海流发电的开发史还不长，发电装置还处在原理性研究和小型试验阶段。

1.1.4 温差能

温差能是指海洋表层海水和深层海水之间的温差储存的热能，利用这种热能可以实现热力循环发电，此外，系统发电的同时还可生产淡水、提供空调冷源等。

海洋受太阳照射，把太阳辐射能转化为海洋热能。在热带和亚热带地区，表层海水保持在25～28℃，几百米以下的深层海水温度稳定在4～7℃，用上下两层不同温度的海水作热源和冷源，就可以利用它们的温度差发电。由于太阳辐射到海洋的大部分热量被海洋表层海水吸收，以及大洋经向环流热量输送等原因，产生了世界大洋赤道两侧表层水温高，深层水温低的现象。这种在低纬度海洋中以表层、深层海水温度差的形式所储存的热能称为温差能。其能量与具有足够温差（通常要求不小于18℃）海区的暖水量以及温差成正比。

海洋温差能转化方式包括开式循环和闭式循环：开式循环系统包括真空泵、温水泵、冷水泵、闪蒸器、冷凝器、透平-发电机组等；闭式循环系统则不用海水而采用低沸点的物质（如氨、丙烷等）作为工作介质，在闭合回路内反复进行蒸发、膨胀、冷凝。当前，全球海洋温差能闭式循环研发已经历了单工质朗肯循环到混合工质卡琳娜（Kalina）循环，再到上原循环的过程，海洋热能利用效率也从过去的3%左右提高到接近5%。

业内专家指出，温差能在全球海洋能中储量最大，全世界温差能的理论储量约为60×10^{12}W。由于温差能具有可再生、清洁、能量输出波动小等优点，因此被视为极具开发利用价值与潜力的海洋能资源。

相比其他海洋能，我国温差能还有着得天独厚的地理条件。我国南海是典型的热带海洋，太阳辐射强烈。南海的表层水温常年维持在25℃以上，而500～800m以下的深层水温则在5℃以下，两者间的水温差在20～24℃之间，温差能资源非常丰富。目前我国在温差能设备制造方面与国外先进水平相比差距仍较大。目前主要引进洛克希德·马丁公司的设备，归根结底在于我国此前在交换器、透平-发电机组等关键部件的研发上投入太少。当前国内关于温差能的基础与技术研究非常少，对防海水腐蚀的摩擦焊换热器以及高效氨透平的研究也都不多。一旦今后温差能商业利用速度加快，推广方面将面临不小的困境。

1.1.5 盐差能

盐差能是指海水和淡水之间或两种含盐浓度不同的海水之间的化学电位差能，是以化学能形态出现的海洋能，如在沿岸河口地区流入海洋的江河淡水与海水之间的盐度差（溶液的浓度差）所蕴藏的物理化学能。同时，淡水丰富地区的盐湖和地下盐矿也可以利用盐差能。盐差能是海洋能中能量密度最大的一种可再生能源。

一般海水含盐度为3.5%时，其和河水之间的化学电位差相当于240m水头差的能量密度，从理论上讲，如果这个压力差能利用起来，从河流流入海中的每立方英尺（1立方英尺≈$0.028m^3$）的淡水可发电0.65kW·h。利用大海与陆地河口交界水域的盐度差所潜藏的巨大能量一直是科学家的理想。实际上开发利用盐差能资源的难度很大，目前已研究出来的最好的盐差能实用开发系统非常昂贵，这种系统利用反电解工艺（事实上是盐电池）从咸水中提取能量。还有一种技术可行的方法是根据淡水和咸水具有不同蒸气压力的原理研究出来的：使水蒸发并在盐水中冷凝，利用蒸气气流使涡轮机转动。这个过程会使涡轮机的工作状态类似于开式海洋热能转换电站。这种方法所需要的机械装置的成本也与开式海洋热能转换电站几乎相等。盐差能的研究结果表明，其他形式的海洋能比盐差能更值得研究开发。

盐差能有多种表现形态，最受关注的是以渗透压形态表现的势能。所谓渗透压是在两种浓度不同的溶液之间隔一层半透膜（只允许溶剂通过的膜）时，淡水会通过半透膜向海水一侧渗透，海水一侧因水量增加而液面不断升高，当两侧的水位差达到一定高度 h 时，淡水便会停止向海水一侧渗透，两侧的水位差 h 称为这两种溶液的渗透压，渗透压的大小由两种溶液的浓度差所决定，如图 1-3 所示。盐差能的能量与渗透压和淡水量（渗透水量）成正比。

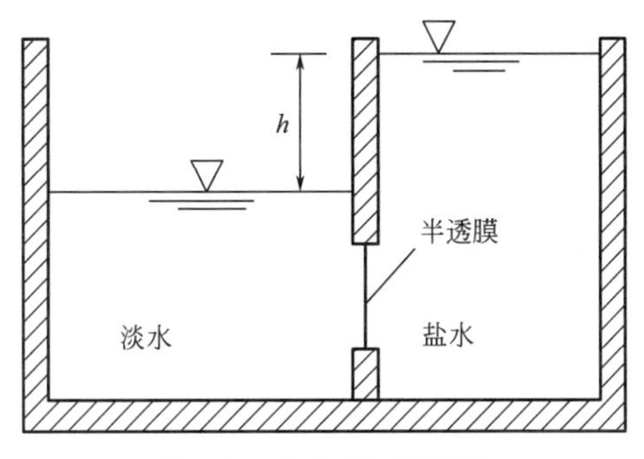

图 1-3　盐差能原理示意

据估计，世界各河口区的盐差能达 30TW，能利用的有 2.6TW。我国的盐差能估计为 1.1×10^8kW，主要集中在各大江河的出海处，同时，我国青海省等地还有不少内陆盐湖可以利用。盐差能的研究以美国、以色列的研究为先，中国、瑞典和日本等也开展了一些研究。但总体上，对盐差能这种新能源的研究还处于实验室实验水平，离示范应用还有较长的距离。

1.2 我国海洋能开发利用现状

我国拥有漫长的海岸线和广阔的海域，蕴藏着丰富的海洋能源，潮汐能、波浪能、温差能、盐差能、海流能的可开发储量分别到达 1.9×10^8kW、0.23×10^8kW、1.5×10^8kW、1.1×10^8kW、0.3×10^8kW，占世界总储量的百分比处于世界前列。虽然海洋能的储量巨大，但由于海洋能开发技术障碍，其开发利用大多还处于研究和实验阶段。

1.2.1 潮汐能的开发利用现状

我国蕴藏着丰富的潮汐能资源。但我国潮汐能在地理空间分布上十分不均匀，其中河口潮汐能资源最丰富的是钱塘江口，沿海潮差最大的是东海。目前，相比于海洋能中其他能源的开发和利用，我国对于潮汐能的开发技术比较成熟。不过，潮汐发电对自然条件的要求比较高。

据统计，我国潮汐能蕴藏量为 1.9×10^8kW，其中可供开发的约 3.85×10^8kW，年发电量 8.7×10^{10}kW。我国建设了多达 400 座潮汐电站，其中以福建省和浙江省最多，福建 88 座，浙江 73 座。建成并长期运行的有 8 座，其中浙江省有 3 座。建设潮汐电站不仅缓解了当地能源紧张局面，同时还发展了水产养殖、围涂、旅游、交通运输等产业，产生了巨大的经济效益。以浙江江厦电站为例，江厦电站以发电为主，同时还有海产养殖、海涂围垦等综合效益。截至 2015 年 12 月，江厦电站共安装 6 台水轮发电机组，总装机容量 4100kW，年发电总量达到 7.2×10^7kW 时，累计发电 2×10^8kW 时。经过多年的发展，我国潮汐发电技术日臻成熟，发电量已经居世界第三位，发展前景十分看好。表 1-1 为我国现有潮汐电站情况。

表 1-1 我国现有潮汐电站

站名	所在省区	建成时间	运行方式	装机容量/kW
海山	浙江	1975 年	双向发电	120
白沙口	山东	1978 年	单向发电	960
浏河	江苏	1976 年	双向发电	150
镇口	广东	1972 年	双向发电	156
果子山	广西	1977 年	单向发电	40
江厦	浙江	1985 年	双向发电	4100
幸福洋	福建	1989 年	单向发电	1280
岳普	浙江	1971 年	单向发电	1500

今后我国可利用有利条件大力发展潮汐能，走可持续发展道路。可以积极借鉴英国、瑞典等潮汐发电技术相对成熟国家的新技术，例如新型的潮汐发电装置、水下潮汐电站等，并且要自主研发出该方面的新技术。

1.2.2 波浪能的开发利用现状

目前波浪能主要的利用方式是波浪能发电，此外，波浪能还可以用于抽水、供热、海水淡化以及制氢等。利用波浪能发电就是利用能量守恒定理，将水的动能和势能转换为机械能，带动发电机发电。

波浪能是可再生能源中最不稳定的能源，波浪不能定期产生，各地区波高也不一样，由此造成波浪能利用上的困难。波浪能利用的关键是波浪能转换装置。通常波浪能要经过三级转换：第一级为受波体，它将大海的波浪能吸收进来；第二级为中间转换装置，它优化第一级转换，产生出足够稳定的能量；第三级为发电装置，与其他发电装置类似。

我国对于波浪能的研究始于20世纪70年代。我国在1975年制成并投入试验了1台1kW的波浪能发电装置，通过不断的试验取得了改良和升级。我国在波浪能发电导航灯标方面的技术处于国际领先水平，并已向海外出口。在波浪能发电站建设方面，中国科学院广州能源研究所在1989年建成3kW的多振荡水柱型波浪能电站，经过不断研究改良于1996年试发电成功，并已经升级成一座20kW的波浪能电站，成功向岛上居民提供补充电源。广东省汕尾市在2005年建成了世界上首座独立稳定的波浪能电站。

在波浪能团队建设方面，近年来随着我国波浪能发电技术研究的不断进步和发展，涌现了一批优秀的波浪能研究团队，制造出了一些具有影响力的波浪能发电装置，例如中国科学院广州能源研究所研制的鹰式波浪能发电装置，山东大学研制的120kW漂浮式液压波浪能发电站，中国海洋大学研制的110千瓦级组合型振荡浮子波浪能发电装置，国家海洋技术中心研制的100kW浮力摆式波式发电装置——该发电装置于2012年7月在大管岛海域试运行，经受住了12级台风的考验。

1.2.3 温差能的开发利用情况

海洋温差发电技术的研究在热动力循环的方式、高效紧凑型热交换器、工质选择以及海洋工程技术等方面均已取得长足的发展，很多技术已渐趋成熟。系统方面以闭式循环最为成熟，已经基本上达到商业化水准，开式循环的主要困难是低压汽轮机的效率太低。热交换器是海洋温差发电系统的关键设备，它对装置的效率、结构和经济性有直接的重要影响，其性能的关键是它的形式和材料。最新的洛伦兹循环有机液体透平能在20～22℃温差下工作，适用于闭式循环装置中。

我国研究工作起步晚，目前对于海洋温差能的研究仍处于实验阶段。其原因主要包括以下两方面：一方面，温差能的开发技术和方法要求水平比较高，尤其是发电机转换装置、渗透膜技术、反电渗析法的能量转换效率和功率密度的方法等，专业技术性较高，而国内在这方面的发展比较落后；另一方面，我国海洋温差能分布不均，并且受季节变化等自然因素影响比较大，对其进行开发具有一定难度。

1985 年中国科学院广州能源研究所开始对温差利用中的“雾滴提升循环”方法进行研究，这种方法利用表层和深层海水之间的温降来提高海水的位能。据计算，温度从 20℃降到 7℃时，海水所释放的热量可将海水提升到 125m 的高度，然后通过水轮机发电。2012 年，国家海洋局第一海洋研究所研究员刘伟民率领的团队，成功研制出了 15kW 温差能发电装置，该项目的成功实验，标志着我国在海洋能尤其是盐差能开发方面取得了巨大进步。

海洋温差发电存在着若干技术难题，它们是制约技术发展的瓶颈，如热交换器表面容易附着生物使表面换热系数降低，对整个系统的经济性影响极大。冷热海水的流量要非常大才能获得所希望的功率，冷水管是未来发展面临的极大挑战。开式循环系统的低压汽轮机效率太低，这也是开式循环系统还不能商业化的重要原因。

1.2.4 盐差能的开发利用情况

盐差发电是美国人在 1939 年首先提出来的。自 20 世纪 60 年代，特别是 70 年代中期以来，世界许多发达工业国家，如美国、日本、英国、法国、俄罗斯、加拿大和挪威等对海洋能利用都非常重视，投入了相当多的财力和人力进行研究。盐差能的探索相对要晚一些，规模也不大，海洋开发环境严酷，投资大，存在风浪海流等动力不确定因素，入海口又有水流冲击和台风影响，同时海水腐蚀、泥沙淤积，以及水生物附着等问题也有待考虑。

盐差能主要存在于河海交汇处，也就是江河入海口处，目前我国对于盐差能的开发尚未形成产业化。我国地域广阔，河流众多，盐差能的蕴藏量十分丰富。据统计，全国每年江河流入海中的水流量约 $1.6\times10^{12}m^3$，其中 23 个主要河流的水流量共计达 $1.4\times10^{12}m^3$，仅长江的水流量就达 $9.1\times10^{11}m^3$，占 23 个主要河流水流量的近 65%。中国沿海的盐差能蕴藏量高达 $3.58\times10^{15}kJ$，理论上的发电功率达 $1.14\times10^{8}kW$。此外，中国盐差能资源主要分布在沿海城市的近海河口区，尤其以长江及长江以南的近海河口蕴藏量最为丰富，该地区的盐差能蕴藏量约占全国的 92%，其中长江的理论储藏量为 $2214\times10^{12}kJ$，理论功率为 70220MW，约占全国的 61.6%，珠江的理论储藏量为 $694.9\times10^{12}kJ$，理论功率为22030MW，约占全国的19.3%；就省市而言，位于长江口的上海市盐差能储量最大，其次是广东、福建、浙江；就海区而言，东海最大，理论蕴藏量达10520.4×10^{12}kJ，理论功率达81051MW，占全国的71%，其次是南海、渤海、黄海。同时，我国青海省等地还有不少内陆盐湖存在可以被利用的盐差能。

从全球情况来看，盐差发电的研究都还处于不成熟的规模较小的实验室研究阶段，目前世界上只有以色列建了一座1.5kW的盐差能发电实验装置，实用性盐差能发电站还未问世，但随着对能源越来越迫切的需求和各国政府及科研力量的重视，盐差发电的研究将越来越深入，盐差能及其他海洋能的开发利用必将出现一个崭新的局面。有专家预测，在2020年后，全球海洋能源的利用率将是目前的数百倍，科学家相信，21世纪人类将步入开发海洋能源的新时代。

1.3 海洋能特点

(1) 能量密度低，但总蕴藏量大，可再生

各种海洋能的能量密度一般较低。如潮汐能的潮差世界最大值为13～16m，平均潮差较大值为8～10m，我国最大潮差（杭州湾澉浦）为8.9m，平均潮差较大值为4～5m；潮流能的流速世界较大值为5m/s，我国最大值（舟山海区）超过4m/s；海流能的流速世界较大值为2.0m/s，我国最大值（东海东部的黑潮流域）为1.5m/s；波浪能的波高世界单站最大年平均较大值为2m左右，大洋最大波高可超过34m（单点瞬时），我国沿岸（东海沿岸）单站最大年平均波高最大值为1.6m，外海最大波高可超过15m（单点瞬时）；温差能的表、深层海水温差世界较大值为24℃，我国最大值（南海深水海区）也可达此值；盐差能是海洋能中能量密度最大的一种，其渗透压一般为24个大气压（2.43MPa），相当240m水头，我国最大值也可接近此值。

因为海洋能广泛存在于占地球表面积71%的海洋中，所以其总蕴藏量是巨大的。据国外学者们计算，全世界各种海洋能理论储藏量（自然界固有功率）的数量以温差能和盐差能为最大，均为100亿千瓦级，波浪能和潮汐能居中，均为10亿千瓦级，海流能最小，为1亿千瓦级。

另外，由于海洋永不间断地接受着太阳辐射以及受月球、太阳的作用，因此海洋能是可再生的，可谓取之不尽，用之不竭。当然，也必须指出，以上巨量的海洋能资源，并不是全部都可以开发利用。据1981年

联合国教科文组织出版的《海洋能开发》一书估计，全球海洋能理论可再生的功率为766亿千瓦，而技术上可利用的功率仅为64亿千瓦。即使如此，这一数字也为20世纪70年代末全世界发电机装机总容量的两倍。

（2）能量随时间、地域变化，但有规律可循

各种海洋能按各自的规律发生和变化。就空间而言，各种海洋能既因地而异，此有彼无，此大彼小，不能搬迁，各有各自的富集海域。如温差能主要集中在赤道两侧的大洋深水海域，我国主要在南海800m以上的海区（远海、深海）；潮汐能、潮流能主要集中在沿岸海域，大潮差宏观上主要集中在45°～55°N的沿岸海域，微观上是在喇叭形港湾的顶部最大，潮流速度以群岛中的狭窄海峡、水道为最大，如芬迪湾、品仁湾、圣马洛湾、彭特兰湾等，我国潮差以东海沿岸，尤其是浙江省的三门湾至福建省的平潭岛之间最大，潮流流速以舟山群岛诸水道等最为富集（沿岸、浅海）；海流能主要集中在北半球太平洋和大西洋的西侧，最著名的有太平洋西侧的黑潮，大西洋西侧的墨西哥湾流、阿格尔哈斯海流，赤道附近的加拉帕戈斯群岛西部的海流等，我国主要在东海的黑潮流域（外海、深海）；波浪能近海、外海都有，但以北半球太平洋和大西洋的东侧西风盛行的中纬度（30°～40°N）和南极风暴带（40°～50°S）最富集，我国外海以东海和南海北部较大，沿岸以浙江、福建、广东东部沿岸和岛屿及南海诸岛最大（全海域）；盐差能主要集中在世界著名大江河入海口附近的沿岸，如亚马逊河和刚果河河口等，我国主要在长江和珠江等河口（沿岸、浅海）。就时间而言，除温差能和海流能较稳定外，其他海洋能均明显地随时间变化。潮汐能的潮差具有明显的半日和半月周期变化，潮流能的流速不但量值与潮差同时变化，并且方向也同样变化；盐差能的入海淡水量具有明显的年际和季节变化；波浪是一种随机发生的周期性运动，波浪能的波高和周期既有长时间的年、季变化，又有短时间的分、秒变化。故海洋能发电多存在不连续、稳定性差等问题。不过，各种海洋能能量密度的时间变化一般均有规律性，可以预报，尤其是潮汐和潮流的变化，目前国内外海洋学家已能做出很准确的预报。

（3）开发环境严酷，转换装置造价高，但不污染环境，可综合利用

无论在沿岸近海，还是在外海深海，开发海洋能资源都存在能量密度低，受海水腐蚀，海生物附着，大风、巨浪、强流等环境动力作用影响等问题，致使海洋能能量转换装置设备庞大、材料要求强度高、防腐性能好，设计施工技术复杂，投资大造价高。由于海洋能发电在沿岸和海上进行，不占用已开垦的土地资源，无需迁移人口，多具有综合利用

效益。同时，由于海洋能发电不消耗一次性矿物燃料，既无需付燃料费，又不受能源枯竭的威胁。另外，海洋能发电几乎无氧化还原反应，不向大气排放有害气体和废热，不存在常规能源和原子能发电存在的环境污染问题，避免了很多社会问题的处理。海洋能的主要特性见表1-2。

表1-2 各类海洋能的特性

种类	成因	富集区域	能量大小	时间变化
潮汐能	由于作用在地球表面海水上的月球和太阳的引潮力产生	45°～55°N 大陆沿岸	与潮差的平方以及港湾面积成正比	潮差和流速、流向以半日、半月为主周期变化，规律性很强
潮流能			与流速的平方以及流量成正比	
波浪能	由于海上风的作用产生	北半球两大洋东侧	与波高的平方以及波动水面面积成正比	随机性的周期性变化
海流能	由于海水温度、盐度分布不均引起的密度、压力梯度或海面上风的作用产生	北半球两大洋西侧	与流速的平方以及流量成正比	比较稳定
温差能	由于海洋表层和深层吸收的太阳辐射热量不同和大洋环流经向热量输送而产生	低纬度大洋	与具有足够温差海区的暖水量以及温差成正比	比较稳定
盐差能	由淡水向海水渗透形成的渗透压产生	大江河入海口附近	与渗透压和入海淡水量成正比	随入海水量的季节和年际变化而变化

1.4 波浪能发电技术现状

1.4.1 波浪能的优势

相比于其他可再生能源，开发和利用海洋波浪能具有十分显著的优势。

① 海洋波浪蕴藏的能量是所有可再生能源中密度最大的，且集中分布于海面附近。太阳能在地球表面的能量密度一般为0.1～0.3kW/m^2，垂直于风向的平面内的风能密度为0.5kW/m^2，而在水面下与波浪传播方向相垂直的平面内的平均波能密度则可达2～3kW/m^2。波浪能以海面以下水体运动的形式存在，95%以上的能量集中在水面至水下四分之一

波长水深之间。

② 波浪能的理论能量俘获效率以及实际效率都要高于其他能源。太阳能的理论最大转换效率为 86.7%，而实际装置中测到的效率只有 35%；风能的理论最大俘获效率为 59%，实际效率为 50%；波浪能理论上的能量俘获效率可以达到甚至超过 100%，实际水槽实验中效率可超过 80%。

③ 波浪能装置可以在 90%以上的时间内产生能量，而风能和太阳能装置的产能时间只有不到 20%～30%。

④ 波浪能可以传播很远而损耗较少的能量。在盛行西风的推动下，波浪可以从大西洋西侧传播到欧洲的西海岸。

⑤ 开发和利用波浪能对环境产生的负面影响较小。有学者评估了典型的波浪能装置在整个运行周期中对环境的潜在影响。研究表明，离岸的波浪能装置对环境产生的影响最小。

1.4.2 我国的波浪能资源

(1) 沿岸波浪能资源

据《中国沿海农村海洋能资源区划》(以下简称《区划》) 利用沿岸 55 个海洋站一年 (中等波浪) 的波浪观测资料为代表计算统计，全国沿岸的波浪能资源平均理论功率为 12.843GW，如表 1-3 所示。但是，需特别指出，在全国沿岸有很多已知的著名大浪区，以福建为例，就有台山列岛、四编列岛、闾峡、北茭、梅花浅滩、牛山、大炸、围头、镇海、古雷头等，其中很多地点因无实测资料，故未统计在内。并且《区划》波浪能资源计算所取的代表测站均为综合性海洋观测站，很多设在大陆沿岸，甚至在海湾内，故波浪观测资料代表性较差 (偏小)。因此，笔者认为以上波浪能资源理论功率应小于实际理论功率。另外，台湾省四周环海，沿岸波浪大，波浪能资源丰富，但是因暂缺沿岸的波浪实测资料，其波浪能平均理论功率是利用台湾岛周围海域的《船舶报资料》，折算为岸边数值后计算统计的，未经岸边实测波浪资料验证，只能作为台湾省沿岸波浪能资源数量级的参考。

表 1-3 中国沿岸波浪能资源 MW

地点	辽宁	河北	山东	江苏	长江口	浙江
装机容量	255.1	143.6	1609.8	291.3	164.8	2053.4
地点	福建	台湾	广东	广西	海南	全国
装机容量	1659.7	4291.3	1739.5	72.0	562.8	12843

波浪能资源分布方面有以下几个特点。

① 地域分布很不均匀。中国沿岸的波浪能资源以台湾省沿岸最多，为4.29GW，占全国总量的1/3；其次是浙江、广东、福建沿岸较多，在1.66～2.05GW，合计为5.45GW，占全国总量的42%以上；其他省市沿岸则很少，广西沿岸最少。

② 波浪能功率密度地域分布是近海岛屿沿岸大于大陆沿岸，外围岛屿沿岸大于大陆沿岸岛屿沿岸。全国沿岸功率密度较高的区段是：渤海海峡（北隍城7.73kW/m）、浙江中部（大陈岛6.29kW/m）、台湾岛南北两端（南湾和富贵角至三貂角6.21～6.36kW/m）、福建海坛岛以北（北礵和台山5.32～5.11kW/m）、西沙地区（4.05kW/m）和粤东（遮浪3.62kW/m）沿岸。以上地区年平均波高大于1m，平均周期多大于5s，是全国沿岸波功率密度相对较高，资源储量最丰富的地区。其次是浙江南部和北部、广东东部、福建海坛岛以南、山东半岛南部沿岸。渤海、黄海北部和北部湾北部沿岸波功率密度最低，资源储量也最少。

③ 功率密度具有明显的季节变化。由于中国沿岸处于季风气候区，多数地区功率密度具有明显的季节变化。全国沿岸功率密度变化的总趋势是，秋冬季较高，春夏季较低。而浙江及其以南海区沿岸，因受台风影响，波功率密度春末和夏季（南海5～8月份，东海7～9月份）也较高，甚至会出现全年最高值，如大陈附近。波功率密度的季节变化在波功率密度较高的岛屿附近更为显著，如北隍城、龙口、千里岩、大陈、台山、海坛和西沙等。而在大陆沿岸和少数岛屿，波功率密度的季节变化相对较小，如云澳、表角、遮浪和嵊山、南麂、大戢山等，如图1-4所示。

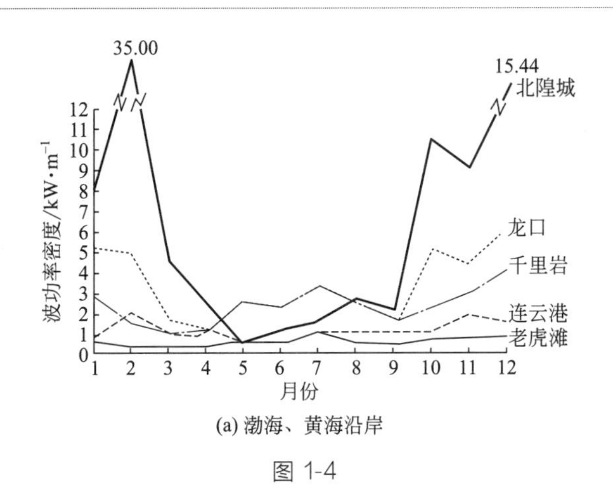

(a) 渤海、黄海沿岸

图 1-4

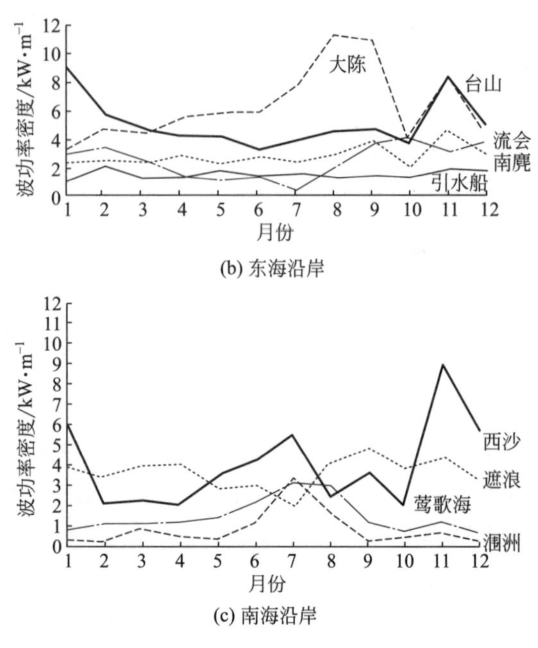

图 1-4　全国沿岸波功率密度变化

(2) 近海及毗邻海域的波浪能资源

根据国家海洋局的《海洋调查资料》和国家气象局的《船舶报资料》等多年历史波浪能资料，采用气候学方法，对渤海、黄海、东海和南海海区波浪能资源的计算（所称黄海、东海、南海均指自然地理意义上的海区范围），中国近海及毗邻海域的波浪能资源理论总储量和理论总功率分别为 8103TJ 和 574TW，如表 1-4 所示。经分析研究后认为，中国近海及毗邻海域实际可供开发的波浪能有效功率约为理论功率的 1‰～1%，即 574～5740GW。笔者取中国近海及毗邻海域波浪能理论功率的 1‰，即 574GW 作为可开发装机容量。

表 1-4　中国近海及毗邻海域波浪能资源理论储量

	海区		渤海	黄海	小计	东海	南海	总计	北半球
理论储量/TJ	估算者	马怀书	129	601	730	1855	5518	8103	—
		潘尼克	—	—	890	1473	6724	9086	297500
	海区		渤海	黄海	小计	东海	南海	总计	北半球
理论功率/TW	估算者	马怀书	11	47	58	133	383	574	—
		潘尼克	—	—	49.9	82.7	377.4	510	16700

波浪能资源分布方面有以下几个特点。

① 纬向分布。由图 1-5 和图 1-6 可见，中国近海及毗邻海域的波浪能储量和波能功率沿纬向的分布是一致的，它们均有 3 个高峰区。第 1 个高峰区位于 9°～14°N，即南海南部（2°～15°N）偏北的大部分海区；第 2 个高峰区位于 17°～22°N，即南海北部（15°～22°N）偏北的大部分海区；第 3 个高峰区位于 25°～33°N，即基本上是整个东海海区。比较 3 个高峰区可见，第 1 和第 2 个高峰区的量值均大于第 3 个高峰区，第 1 和第 2 两个高峰区的波能和波功率占我国近海及毗邻海域总波能和总波功率的近 2/3。

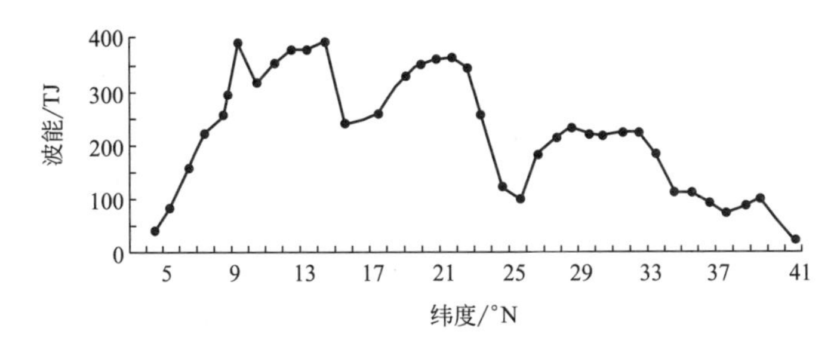

图 1-5 中国近海及毗邻海域波能沿纬向分布

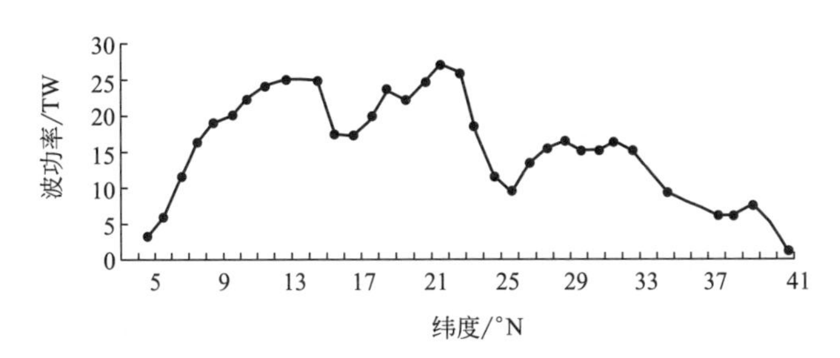

图 1-6 中国近海及毗邻海域波功率沿纬向分布

② 经向分布。由图 1-7 和图 1-8 可见，中国近海及毗邻海域波能和波功率沿经向的分布基本上也是一致的。与沿纬向分布不同的是，经向分布仅有两个高峰区。波能的第 1 个高峰区位于 110°～119°E，即大部分南海海区，第 2 个高峰区位于 121°～126°E，即黄海和东海的大部分海区。而波功率的第 1 个高峰区位于 109°～118°E，第 2 个高峰区位于 120°～125°E。同时，我国近海及毗邻海域波能和波功率的约 2/3 集中于第 1 个高峰区，而其余的约一半在第 2 个高峰区。

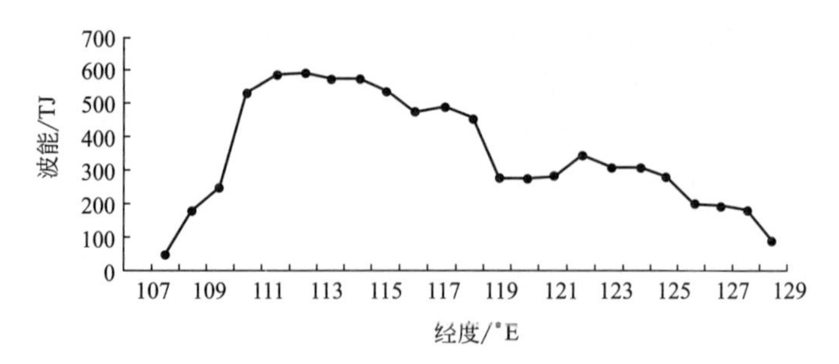

图 1-7 中国近海及毗邻海域波功率沿经向分布

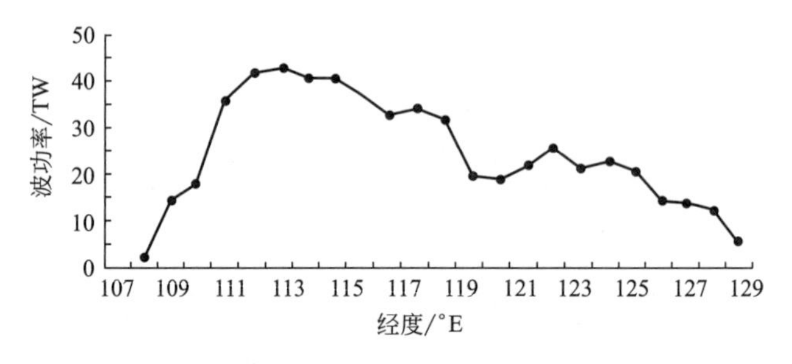

图 1-8 中国近海及毗邻海域波功率沿经向分布

③ 各海区的分布。我国近海及毗邻海域波浪能资源在各海区的分布，按理论总波能和总波功率大小排序是：南海南部偏北海区为 2200TJ 和 141TW，占各海区总量的 24.6%；南海北部偏北海区为 1710TJ 和 122TW，占各海区总量的 21.3%；东海海区为 1673TJ 和 117TW，占各海区总量的 20.4%。南海南部偏南海区、渤海和北黄海最少。按波能密度大小，各海区的排序是：南海南部偏北海区、南海北部偏北海区、东海海区，南海南部偏南海区、渤海和北黄海最低。按波功率密度大小，各海区的排序是：南海北部偏北海区、南海南部偏北海区、东海海区，南海南部偏南海区、渤海和北黄海最低。

1.4.3 典型波浪能发电装置

波浪能转换装置的分类方法有多种，根据波浪能发电装置的波浪能利用原理，波浪能转换装置可分为振荡浮子式、振荡水柱式、筏式、鸭式、越浪式、摆式等种类，原理图和国内外代表性装置如表 1-5 所示。

表 1-5 几种典型波浪能发电装置的优缺点及适用场合

类型	装置原理示意图	国外代表	国内代表
振荡浮子式		①瑞典乌普萨拉直线电动机 L9 浮子装置 ②瑞典 IPS 浮子装置 ③加拿大 Aqua Buoy ④荷兰阿基米德波浪能发电装置(AWS) ⑤美国 Power Buoy ⑥丹麦 Wavestar	①广州能源研究所 2006 年 50kW 岸式振荡浮子装置，随后的漂浮式点吸收装置研制 ②中国海洋大学、山东大学、华北电力大学等进行相关理论研究并开展装置海试
振荡水柱式		①英国 500kW 的 LIMPET 电站 ②葡萄牙 400kW 固定式电站 ③日本“巨鲸号”波能发电站 ④英国的漂浮式 OSPREY 装置	广州能源研究所于 1985～1987 年研发的 10W 航标灯；1987～1989 年研发的 3kW 装置；1992～1996 年研发的 20kW 装置；1997～2002 年在汕尾研发的 100kW 装置
筏式	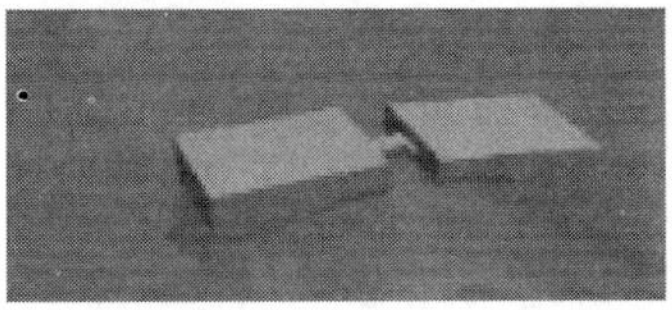	①英国 OPD 公司的 Pelamis ② McCabe Wave Pump (MWP)波浪能发电装置	中国船舶重工集团公司第 710 研究所研制了 300kW 筏式液压波浪能发电装置
鸭式		爱丁堡大学的“点头鸭”式波浪能发电装置	广州能源研究所的“鸭式 1 号”“鸭式 2 号”及改进的“鹰式”装置
越浪式		①1986 年挪威的收缩波道装置 ②丹麦的 Wave Dragon	中国海洋大学制造了越浪式发电装置模型

续表

类型	装置原理示意图	国外代表	国内代表
摆式		①日本室兰大学的5kW、20kW发电装置 ②芬兰 Wave Roller 装置,海试功率13kW ③英国的牡蛎 Oyster ④英国兰开斯特大学的Frog、WEASPA ⑤悉尼大学 bio WAVE	①"八五""九五"期间,国家海洋局海洋技术中心研制的8kW和30kW岸式悬挂摆式波浪能发电装置 ②浙江大学研制的双行程液压缸20kW浮力摆式装置

1.4.4 波浪能发电面临的问题

(1) 波浪能发电目前面临的问题

目前波浪能发电成本高昂、发电功率小、质量差，所以降低发电成本，提高功率，增强发电的质量是波浪能发电普及的必经之路。

发电效率低是因为波浪时刻变化，波浪能量不集中，如何使发电装置适应这种工作状况，是目前波浪能发电亟待解决的问题。

稳定性问题。受技术限制，波浪能发电装置只能将吸收来的波浪能转化为不稳定的液压能，这样再转化的电能也是不稳定的。英国、葡萄牙等欧洲国家采用昂贵的发电设施，仍无法得到稳定的电能。

控制问题。由于波浪的运动没有规律性和周期性，浪大时能量有剩余，浪小时能量供应不足。这就需要有一种设备在浪大时将多余的波浪能储存、再利用。

材料问题。现有的波浪能装置只是采用普通钢材，靠表面涂层提高抗腐蚀能力，耐久性不尽如人意。目前不存在专门为波浪能利用而开发的工业产品，在波浪能研究上改变设计，牺牲效率、合理性，用现有产品拼凑成波浪能发电设备。

工作环境问题。因为发电装置放置在海中，工作环境恶劣，减少海水中的部件和抗风浪都是目前遇到的难题。

(2) 波浪能发电研究方向

① 流体动力特性计算　波浪能发电装置布放入海后，实际上面临的是不规则的复杂海况变化。目前的理论研究主要基于线性波浪理论开展，但对非线性随机问题的研究仍然不成熟。非线性波之间的相互作用以及它们与波浪能发电装置之间的作用在一定程度上是随机变化的，因此，

实际海况中发电装置的流体动力特性不能精确计算。

挪威的 Ankit Aggarwal 等人使用开源计算流体动力学（CFD）模型 REEF3D 对规则和不规则波与垂直圆柱的相互作用进行了模拟。该模型在整个域上解决了雷诺平均 Navier Stokes（RANS）方程，提供了流体压力、速度以及自由面等流体动力学信息，可以用于对圆柱体周围的流体情况进行分析和可视化。Muk Chen Ong 等人运用湍流模型解非连续 RANS 方程，对两个部分沉入水中的圆柱体结构进行了二维数字仿真分析。同时，通过垂直波浪力的变化和自由表面的升降，得到了两个圆柱体之间距离对流场的影响。Pol D. Spanos 和 Felice Arena 提出一种统计线性化技术，用于对单浮子振荡捕能系统进行快速随机振动分析。

② 发电稳定性和高效性设计　波浪的不稳定性以及能流密度低、转换效率低的特点，是制约其利用技术发展的主要原因。因此，需要提高波浪能发电装置的适应性，增大捕能频宽，从而提高稳定性和发电效率。其中，储能装置的设计和系统的功率控制非常重要。

许多振荡体式波浪能发电装置都是将浮子的动能转化为液压能再带动发电机发电。Falcão 在时域内研究了气体蓄能器体积和工作压力对电力输出稳定性的作用。郑思明基于三维波浪绕射辐射理论，提出了一个计算铰接双筏体最大波浪能俘获功率的数学模型，可用于计算装置在特定参数下的最大波浪能俘获系数。Jeremiah Pastor、Yucheng Liu 基于边界元方法建立了点吸收式波浪能转换器的线性模型并进行数值仿真和频域分析，得出了不同浮子形状、直径、吃水深度等参数变化对浮子垂荡运动性能的影响，从而得到优化的参数设计。

③ 阵列发电场设计　波浪能转换装置的阵列化有利于充分利用单位海域面积内的波浪能量，在一定程度上实现经济成本的最优化。阵列式波浪能转换装置的研究主要集中在运行特性和波浪能俘获效果两个方面：运行特性研究浮体或固定结构在波浪作用下受到的波浪力、辐射力、绕射力等以及结构反作用于波浪场所引起的变化；波浪能俘获效果是指通过对比阵列式装置的单体平均功率与单个装置的发电功率以及它们的俘获宽度比，分析所设计的阵列布局的优化效果。

阵列发电场的研究，目前主要针对单一类型振荡浮子式装置。Andres 等人考虑了阵列布局、单体之间距离、装置数量以及波浪入射方向的影响，发现增加波浪能转换装置的数量可以提高它们之间的相互作用力，不同的波浪方向对于波浪能俘获的影响很大，单体之间距离为入射波长的一半时，俘获效率较高。Kara 运用数值仿真方法在时域内计算了两种运动模式下的垂直圆柱体阵列的波浪能吸收功率，同时研究了单体装置之间距离以及入射波角度的影响。Konispoliatis 和 Mavrakos 运用多重散射方法研究了振荡水柱式波浪能转换装置阵列在波浪作用下的绕射和辐射效应。国内方面，香港大学的 Motor Wave、浙江海洋大学的“海院 1 号”、集美大学的“集大 1 号”，均是阵列式发电场的尝试。

④ 多元化综合利用　海洋中除了波浪能，还蕴藏着海流能、潮汐能、温差能、盐差能等多种形式的能量，而且其开发技术也在逐步发展，再加上相对成熟的太阳能和风能利用技术，使得在海洋中进行多种能源综合利用成为可能。多能互补，通过共享基础平台、海底电缆等方式来降低成本，全方位开发所在海域能源；另外，也可以构建分布式发电网络，利用多能互补系统实现电力的稳定输出，提高海洋能的稳定性和利用率。

第2章

波浪性质及相关理论

2.1 波浪能的特点及其性质

2.1.1 概述

海洋表面波浪所具有的动能和势能的总和称为波浪能，它的产生是外力（如风、大气压力的变化，天体的引潮力等）、重力与海水表面张力共同作用的结果。波浪形成时，水质点做振荡和位移运动，水质点的位置变化产生位能。波浪能的大小与波高和周期有关，波浪的波高和周期与该波浪形成地点的地理位置、常年风向、风力、潮汐时间、海水深度、海床形状、海床坡度等因素有关。波浪的能量与波浪周期、波高的平方以及迎波面的宽度成正比。

在海洋能源中，波浪能是最不稳定的一种，在时间尺度上具有随机多变性，海况不同，则波浪的能量也不同；季节不同，波浪能的变化差异更大；在空间尺度上，不同地域，波浪能的能量密度也有很大差别。正是由于这些特点，波浪能较之其他形式的可再生能源更难以利用。然而同时，波浪能又是很清洁的可再生资源，它的开发利用，将大大缓解由于矿物能源逐渐枯竭的危机，改善由于燃烧矿物能源对环境造成的破坏。因此发展海洋可再生能源势在必行，而波浪能因其能量密度相对较高、分布广泛、获取难度相对较低等优势，是各国海洋可再生能源的研究热点和发展重点。

波浪能是由风把能量传递给海洋而产生的，它实质上是吸收了风能而形成的。能量传递速率和风速有关，也和风与水相互作用的距离（即风区）有关。水团相对于海平面发生位移时，使波浪具有势能，而水质点的运动，则使波浪具有动能。储存的能量通过摩擦和湍动而消散，其消散速度的大小取决于波浪特征和水深。深水海区大浪的能量消散速度很慢，从而导致了波浪系统的复杂性，使它常常伴有局地风和几天前在远处产生的风暴的影响。波浪可以用波高、波长（相邻的两个波峰间的距离）和波周期（相邻的两个波峰间的时间）等特征来描述。

2.1.2 突出特点

（1）波浪能的优势

波浪能具有能流密度高、分布面广等优点。它是一种取之不竭的可再生清洁能源。尤其是在能源消耗较大的冬季，可以利用的波浪能能量也最大。小功率的波浪能发电已在导航浮标、灯塔等获得推广应用。我国有广阔的海洋资源，波浪能的理论存储量为7000万千瓦左右，沿海波浪能能流密度大约为2～7kW/m。在能流密度高的地方，每1m海岸线外波浪的能流就足以为20个家庭提供照明。

虽然大洋中的波浪能是难以提取的，因此可供利用的波浪能资源仅局限于靠近海岸线的地方。但即使是这样，在条件比较好的沿海区的波浪能资源储量大概也超过2TW。据估计，全世界可开发利用的波浪能达2.5TW。我国沿海有效波高约为2～3m、周期为9s的波列，波浪功率可达17～39kW/m，渤海湾更高达42kW/m。

波浪能适用于边远海域的岛屿、国防、海洋开发等活动。波浪能利用装置可在已有设施及工程的基础上进行安装和建设，如护岸、防波堤；或与此类设施及工程同时建设，可明显地降低波浪能利用装置的开发及建设成本，并实现功能多元化。

（2）波浪能的劣势

波浪能的利用并不容易。波浪能是可再生能源中最不稳定的能源，波浪不能定期产生，各地区波高也不一样，不利于大规模开发，还容易受到海洋灾害性气候的侵袭，由此造成波浪能利用上的困难。波浪能开发的技术复杂、成本高、投资回收期长，社会效益好，但是经济效益差，这些局限束缚了波浪能的大规模商业化开发利用和发展。近200年来，世界各国还是投入了很大的力量进行了不懈的探索和研究。除了实验室研究外，挪威、日本、英国、美国、法国、西班牙和中国等国家已建成多个数十瓦至数百千瓦的试验波浪发电装置。

2.2 波浪能转换数学模型

两端伸展到无限远处的平面前进波的总能量是无限的，这里考察的是单位宽度的一个波长内波浪的能量。

自由水面产生波形从而使位能变化。如图2-1所示，体积微元$\mathrm{d}x\mathrm{d}y$（单位宽度上）中流体的重力位能是$\rho g y\mathrm{d}x\mathrm{d}y$。故一个波长的重力位能$E_g$为

$$E_g=\int_0^\lambda\int_3^\zeta \rho g y\,\mathrm{d}x\,\mathrm{d}y=\frac{1}{2}\rho g\int_0^\lambda \zeta^2\,\mathrm{d}x \tag{2-1}$$

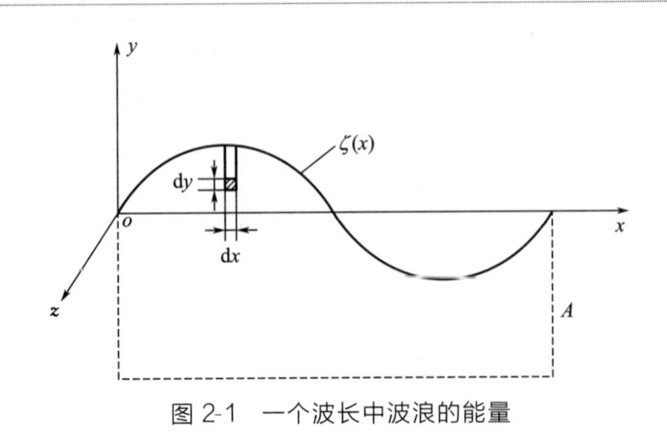

图 2-1　一个波长中波浪的能量

式中 $\zeta=A\mathrm{e}^{i(mx-\omega t)}$ 为波面位移。因积分号中出现的是非线性的平方运算，应先取实部然后运算。这样就有

$$\begin{aligned}E_g &= \frac{1}{2}\rho g A^2\int_0^{\lambda}\cos^2(mx-\omega t)\mathrm{d}x \\ &= \frac{1}{4}\rho g A^2\lambda\end{aligned} \tag{2-2}$$

在给定的不可压缩流体的无旋流场中，流体动能可表示为

$$E=\frac{\rho}{2}\iiint_{\tau} v^2\mathrm{d}\tau \tag{2-3}$$

式中 v 为所讨论的流场体积，$v^2=\nabla\phi\ \nabla\phi=\nabla(\phi\ \nabla\phi)-\phi\ \nabla^2\phi=\nabla(\phi\ \nabla\phi)$，于是动能公式可写成

$$E=\frac{\rho}{2}\iiint_{\tau}\nabla(\phi\ \nabla\phi)\mathrm{d}\tau=\frac{\rho}{2}\oiint_{A}\phi\ \nabla\phi\vec{n}\,\mathrm{d}s=\frac{\rho}{2}\oiint_{A}\phi\ \frac{\partial\phi}{\partial n}\mathrm{d}s \tag{2-4}$$

另外，流场中由于流体质点的运动而具有动能。按式(2-4) 单位宽度的波浪动能为

$$E_k=\frac{1}{2}\rho\iint_{s}\phi\ \frac{\partial\phi}{\partial n}\mathrm{d}s \tag{2-5}$$

其中 s 为图 2-1 中所示的虚线面（两侧虚线面的间距恰为一个波长）和波面。在底面上，无论在有限深水的池底或无限深水情况中无穷深处的某一假想水平面上，均有 $\partial\phi/\partial n=-\partial\phi/\partial y=0$。在两侧面上，由于运动的周期性，故在相应点上 ϕ 值相同，$\partial\phi/\partial n$ 的数值也相同，但法线方向正好相反，因此两侧面对积分的贡献之和也等于零。最后仅剩在波面上的积分，在线性化的前提下，波面积分边界近似地取在 $y=0$ 上，再利用色散关系，所以

$$E_k=\frac{1}{2}\rho\int_0^{\lambda}\left(\phi\,\frac{\partial\phi}{\partial y}\right)_{y=0}\mathrm{d}x=\frac{1}{4}\rho\left(g+\frac{m^2T}{\rho}\right)A^2\lambda \tag{2-6}$$

如果不计表面张力，则波浪总能量即为重力位能与动能两者之和。总能量为

$$E=E_g+E_k=\frac{1}{2}\rho g A^2\lambda \tag{2-7}$$

然而在有表面张力存在的情况下，自由面形状的变化不仅改变了质量的垂向分布，改变了重力位能，而且还抵抗表面张力做功。这部分能量也以位能的形式储存在流体中，称张力位能，记为 E_t。

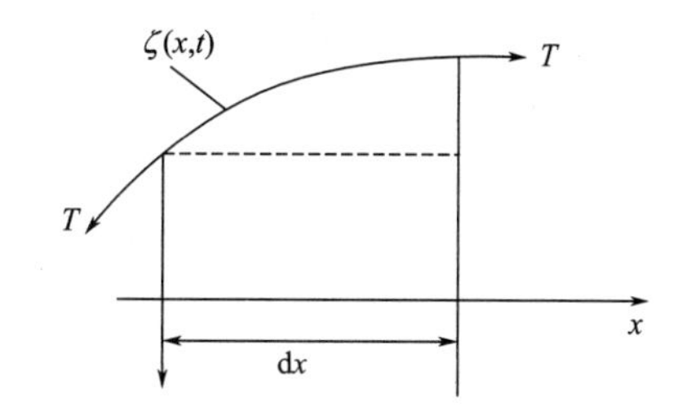

图 2-2　静水面的变形伸长

参见图 2-2，原来在水面上的 $\mathrm{d}x$ 微分段变形后为

$$\mathrm{d}x\approx\mathrm{d}x\left[1+\left(\frac{\partial\zeta}{\partial x}\right)^2\right]^{\frac{1}{2}} \tag{2-8}$$

其实际伸长为

$$\Delta x=\mathrm{d}x\left[1+\left(\frac{\partial\zeta}{\partial x}\right)^2\right]^{\frac{1}{2}}-\mathrm{d}x\approx\frac{1}{2}\mathrm{d}x\left(\frac{\partial\zeta}{\partial x}\right)^2 \tag{2-9}$$

所以张力为

$$T\Delta x=\frac{1}{2}T\mathrm{d}x\left(\frac{\partial\zeta}{\partial x}\right)^2 \tag{2-10}$$

一个波长内的张力位能 E_t 为

$$E_t=\frac{1}{2}T\int_0^{\lambda}\left(\frac{\partial\zeta}{\partial x}\right)^2\mathrm{d}x=\frac{1}{2}Tm^2A^2\int_0^{\lambda}\sin^2(mx-\omega t)\,\mathrm{d}x=\frac{1}{4}Tm^2A^2\lambda \tag{2-11}$$

总位能为

$$E_p=E_g+E_t=\frac{1}{4}\rho\left(g+\frac{m^2T}{\rho}\right)A^2\lambda \tag{2-12}$$

一个波长内的总能量就是

$$E=E_p+E_k=\frac{1}{2}\rho\left(g+\frac{m^2T}{\rho}\right)A^2\lambda \tag{2-13}$$

由此可见，无论计入或不计入表面张力，均有

$$E_p=E_k=\frac{1}{2}E \tag{2-14}$$

在平面进行波中，一个波长内的动能和位能都不随时间而变。事实上，

平面进行波的波形在传播过程中是不随时间变化的，所以位能不变，按总能量守恒，动能也就不变。

波浪在传播过程中能量也在转移。现以无限深水中的平面前进波为例加以讨论。讨论中不计入表面张力。

任取一垂直于波浪传播方向的平面 A（见图 2-1），A 在 oz 方向仍取单位宽度，计算在一个波浪周期中有多少能量流过 A 面。转移的能量可以看作是作用在 A 面上的压力在一个波浪周期内做的功。在 A 面上取一面积微元（面元）$\mathrm{d}y$，在 $\mathrm{d}t$ 时间内压力在面元 $\mathrm{d}y$ 上做的功是

$$\mathrm{d}W=\overline{p}u\,\mathrm{d}y\,\mathrm{d}t \tag{2-15}$$

这里 $\overline{p}$ 为作用于 A 面上的压力，u 为 A 面上水质点的水平速度。

无限深水中平面进行波的速度势为

$$\phi=\frac{Ag}{i\omega}\mathrm{e}^{my}\mathrm{e}^{i(mx-\omega t)} \tag{2-16}$$

注意到 $\omega^2=gm$，故有

$$u=\frac{\partial\phi}{\partial x}=A\omega\mathrm{e}^{my}\mathrm{e}^{i(mx-\omega t)} \tag{2-17}$$

由拉格朗日（Lagrange）积分，压力是

$$\overline{p}=p-p_0=-\rho\frac{\partial\phi}{\partial t}-\rho gy \tag{2-18}$$

因此在一个周期 $\tau=\dfrac{2\pi}{\omega}$ 内波浪在整个平面 A 上所做的功为

$$\begin{aligned}W&=\int_0^{\pi}\int_{-\infty}^{0}\overline{p}u\,\mathrm{d}y\,\mathrm{d}t\approx\int_0^{\tau}\int_{-\infty}^{0}\overline{p}u\,\mathrm{d}y\,\mathrm{d}t\\&=\int_0^{\frac{2\pi}{\omega}}\int_{-\infty}^{0}[\rho g\omega A^2\mathrm{e}^{2my}\cos^2(mx-\omega t)-\rho gyA\omega\mathrm{e}^{my}\cos(mx-\omega t)]\mathrm{d}y\,\mathrm{d}t\\&=\rho g\pi A^2\int_{-\infty}^{0}\mathrm{e}^{2my}\mathrm{d}y=\frac{\rho g\pi A^2}{2m}=\frac{\rho gA^2\lambda}{4}\end{aligned} \tag{2-19}$$

比较式(2-19)与式(2-7)易见，能量传播为波浪总能量的一半。也就是说，在波浪传播的过程中，总能量的一半随波前进，而另一半则留在后方。实际上，由于质点的轨迹是条封闭曲线，动能不变，只有位能传向前去。

单位时间内所做功的平均值是

$$\frac{W}{\tau}=\frac{\rho gA^2\lambda}{4\tau}=\frac{1}{4}\rho gA^2c=\frac{1}{2}\rho gA^2c_g \tag{2-20}$$

这里引入了一个新的速度 $c_g=\dfrac{1}{2}c$。由式(2-7)知，$\dfrac{1}{2}\rho gA^2$ 表示单位波

长的波浪总能量，或称为一个波长内的能量平均值或平均能量密度。显然 c_g 表征了能量传播的速度，它等于波速（或称相速）的一半。这一能量传播速度就等于波群速。不限深水重力波，对其他类型的线性水波也有同样的结论，当然它们的能量传播速度或群速不一定恰好为相速度的二分之一。

从能量观点可对波浪阻力问题做一简单的解释。物体在水面上等速前进时不断兴起波浪，波以与物体相同的速度随物体前进。然而只有一半能量是通过波浪运动传递过来的，另一半则需由物体做功来提供，于是物体必须消耗能量以维持波系，从而产生所谓的兴波阻力。若记兴波阻力为 D，则有

$$\frac{1}{2}\rho g A^2 U = DU + \frac{1}{4}\rho g A^2 U \tag{2-21}$$

式中 U 为物体前进速度，所以

$$D = \frac{1}{4}\rho g A^2 \tag{2-22}$$

以上表达式是在波系为平面前进波的简化情形之下做出的，实际的兴波阻力问题远较上述解释复杂得多。

2.3 波浪理论

人们已在流体是理想的、不可压缩的、无旋、表面张力略去的条件下，建立了一个完整的边值问题。

Laplace 方程：$\nabla^2 \phi = 0$

物面条件：$\frac{\partial \phi}{\partial n} = v_n$

自由表面条件：
$$\left.\begin{aligned} &\frac{\partial \phi}{\partial x}\times\frac{\partial \zeta}{\partial x}+\frac{\partial \phi}{\partial y}\times\frac{\partial \zeta}{\partial y}-\frac{\partial \phi}{\partial z}+\frac{\partial \zeta}{\partial t}=0 \\ &g\zeta+\frac{\partial \phi}{\partial t}+\frac{1}{2}\nabla\phi^2=0 \end{aligned}\right\} z=\zeta(x,y,z)$$

底部条件：$\frac{\partial \phi}{\partial n} = 0, z = -h(x,y,t)$

以及适当的散射条件。

2.3.1 线性波理论

在小振幅波的情况下，即自由表面振幅比波长远小于 1 的情况下，

可以自由表面条件取首阶近似，得到线性化自由表面条件

$$\frac{\partial \zeta}{\partial t}-\frac{\partial \phi}{\partial z}=0, z=0 \tag{2-23}$$

$$\frac{\partial \phi}{\partial t}+g\zeta=0, z=0 \tag{2-24}$$

如在式(2-24) 两边对时间取偏导数，并把式(2-23) 代入，可以把线性化自由表面条件合并为一个，即

$$\frac{\partial^2 \phi}{\partial t^2}+g\frac{\partial \phi}{\partial z}=0, z=0 \tag{2-25}$$

假设流域在水平方向上无界，水深不变，并且把所讨论的问题限于时间简谐的水波运动，所有变量都可以把时间因子按 $e^{-i\omega t}$ 形式分离出来。

假定流场的速度势 ϕ 可以表示成

$$\phi(x,y,z,t)=Z(z)\psi(x,y)e^{-i\omega t} \tag{2-26}$$

Laplace 方程经变量分离后变为

$$\frac{\partial^2 \phi}{\partial x^2}+\frac{\partial^2 \phi}{\partial y^2}+a\psi=0 \tag{2-27}$$

$$Z^n-aZ=0 \tag{2-28}$$

考虑到 $a=k^2>0$，那么 ψ 所满足的方程变为

$$\nabla^2\psi+k^2\psi=0 \tag{2-29}$$

通常把式(2-29) 称为 Helmholtz 波动方程。而 Z 所满足的方程

$$Z^n-k^2Z=0$$

得出解如下

$$Z=c_1e^{kz}+c_2e^{-kz} \tag{2-30}$$

根据底部条件

$$\frac{\partial \phi}{\partial z}=0, z=-h$$

可以得到

$$Z=c_1e^{-kh}\left[e^{k(z+h)}+e^{-k(z+h)}\right] \tag{2-31}$$

令 $2c_1e^{-kh}=A$，这样速度势就可以写成

$$\phi=A\cosh k(z+h)\psi(x,y)e^{-i\omega t} \tag{2-32}$$

代入线性化自由表面条件式(2-25)，得到如下关系式

$$k\tanh kh=\frac{\omega^2}{g} \tag{2-33}$$

式(2-33) 是一个重要的关系式，通常称为色散方程，常用于确定给

定水深 h 和波频率 ω 时的波数 k，以及波长 $\lambda=\frac{2\pi}{k}$。或反之，用于计算给定波长 λ 和水深 h 时的波频率 ω。

到这里，$\psi(x,y)$ 还没有确定。下面，假定 $\psi(x,y)$ 可以进一步分离变量

$$\psi(x,y)=X(x)Y(y) \tag{2-34}$$

得到分离形式

$$X''+(k^2-\mu^2)X=0$$
$$Y''+\mu^2Y=0$$

水波是空间位置的周期函数，因此可以判定 $k^2-\mu^2>0$，于是有

$$X^n+(k^2-\mu^2)X=0 \tag{2-35}$$

$$Y^n+\mu^2Y=0 \tag{2-36}$$

这样就可以得到线性边值问题的分离变量解

$$\phi=A\cosh k(z+h)(c_1\cos\sqrt{k^2-\mu^2}\,x+c_2\sin\sqrt{k^2-\mu^2}\,x)\cos(\mu y+\delta)e^{-i\omega t} \tag{2-37}$$

下面讨论平面波的一些特性。

若 Helmholtz 方程只是 x 的函数，即

$$\psi=\psi(x) \tag{2-38}$$

则式(2-29) 可写成

$$\psi^n+k^2\psi=0 \tag{2-39}$$

则此方程有通解

$$\psi=c_1e^{ikx}+c_2e^{-ikx} \tag{2-40}$$

2.3.2 非线性波理论

小振幅波理论问题中，可以对波浪运动提供一阶近似，但是该方法在工程实际问题中精度不够，并且忽略了很多重要现象，所以就要考虑非线性自由表面的影响。但是当前严格满足非线性自由表面条件的解暂时无法得出，所以对于非线性自由表面条件采用不同形式的拟合方法。据此，非线性表面波理论又大概分为 Stokes 波理论、椭余波理论、孤立波理论和流函数理论等。因篇幅限制，本节只叙述 Stokes 波理论。

Stokes（1880 年）提出一种有限振幅重力波的高阶理论。他的基本假定是，波浪运动能用小扰动级数表示，并且认为，考虑的量阶越高越接近实际波浪情形。这样，就得到计入不同量阶的理论，即所谓二阶、三阶 Stokes 波等。

现在，我们在流体理想、无旋、不可压缩的假定下，利用小扰动展开方法，建立各个量阶波浪运动的边值问题。

速度势 ϕ 可展开为

$$\phi=\phi^{(1)}+\phi^{(2)}+\phi^{(3)}+\cdots \tag{2-41}$$

自由表面高 ζ 可展开为

$$\zeta=\zeta^{(1)}+\zeta^{(2)}+\zeta^{(3)}+\cdots \tag{2-42}$$

把式(2-41) 和式(2-42) 分别代入 Laplace 方程和自由表面条件，就可以得到不同量阶问题必须满足的条件。

（1）Laplace 方程可以表述为

$$\nabla^2\phi^{(1)}=0$$
$$\nabla^2\phi^{(2)}=0$$
$$\nabla^2\phi^{(3)}=0$$

（2）自由表面条件为

$$\frac{\partial^2\phi}{\partial t^2}+2\nabla\phi\,\nabla\left(\frac{\partial\phi}{\partial t}\right)+\frac{1}{2}\nabla\phi\,\nabla(\nabla\phi\,\nabla\phi)+g\frac{\partial\phi}{\partial z}=0$$

$$z=\zeta \tag{2-43}$$

一阶

$$\zeta^{(1)}=a\cos\theta$$

其中，a 为波幅，$\theta=kx-\omega t$ 为相位函数。

$$\zeta^{(1)}=\frac{ag}{\omega}\times\frac{\cosh k(z+h)}{\cosh kh}\sin\theta=\frac{a\omega\cosh k(z+h)}{k\sinh kh}\sin\theta \tag{2-44}$$

二阶

$$\phi^{(2)}=\frac{3a^2\omega\cosh 2k(z+h)}{8\sinh^4 kh}\sin 2\theta \tag{2-45}$$

$$\zeta^{(2)}=\frac{1}{2}a^2k\coth kh\left(1+\frac{3}{2\sinh^2 kh}\right)\cos 2\theta \tag{2-46}$$

三阶

$$\phi^{(3)}=\frac{A_3}{3gk\tanh 3kh-g\omega_0^2}\times\frac{\cosh 3k(z+h)}{\cosh 3kh}\sin\theta+O(a^3k^3) \tag{2-47}$$

$$\zeta^{(3)}=\frac{(ak)^3}{k}(B_3\cos 3\theta+B_1\cos\theta)+O(a^5k^5) \tag{2-48}$$

其中，

$$A_3=g(ak)^3c_1F_1(kh)$$

$$F_1(kh)=1+\frac{1}{\sinh^2 kh}+\frac{9}{8\sinh^4 kh}+O(a^2k^2)$$

$$\omega_0^2=gk\tanh kh$$

$$B_3=\frac{3}{8}-\frac{3}{16\sinh^2 kh}-\frac{3}{8\cosh^2 kh}+\frac{33}{64\sinh^4 kh}+\frac{15}{64\sinh^6 kh}$$

$$B_1=\frac{3}{8}-\frac{3}{2\sinh^2 kh}-\frac{3}{8\cosh^2 kh}-\frac{3}{8\sinh^4 kh}$$

当水深无限深时，$kh\to\infty$，波面表达式可以写成

$$\zeta=a\left(1-\frac{3}{8}k^2a^2\right)\cos\theta+\frac{a^2k}{2}\cos2\theta+\frac{3}{8}a^3k^2\cos3\theta \qquad (2\text{-}49)$$

从中可以看出，考虑到非线性后，波幅的峰值增加，谷值减小；另外，二阶速度势 $\phi^{(2)}$ 和三阶速度势 $\phi^{(3)}$ 均趋于零。所以，精确到三阶的速度势，在深海仍然可以用一阶速度势表示。

当 $kh\to0$ 时，从前面得出的表达式中可以看出，高阶波解会超过一阶线性波，这与前面小扰动展开的假定矛盾。这表明，Stokes 波理论对 $kh=2\pi h/\lambda$ 足够小的浅水波（或长波）不适用。

2.4 波浪力计算

海洋工程中固定结构很多，如海洋立管、桩柱管线、单点和固定式平台等。计算作用在这些固定结构上的波浪力是非常重要的课题。目前理论上一般采用两个不同的近似方法进行研究。一个是所谓 Morison 方程的应用；另一个就是绕射理论（或称为势流理论）。

2.4.1 Morison 方程

要计算作用在细长刚体上的波浪力，最常规的方法是假定总波浪力可表示为阻力和惯性力之和。阻力项作为速度的函数，惯性项作为加速度的函数，于是

$$F_{总}=F_{阻}+F_{惯} \qquad (2\text{-}50)$$

其中，

$$F_{阻}=\frac{1}{2}\rho C_D A|u|u \qquad (2\text{-}51)$$

$$F_{惯}=\rho C_M V\dot{u} \qquad (2\text{-}52)$$

式中 A——物体的投影面积，m^2；

V——物体的体积，m^3；

ρ——流体密度，kg/m^3；

u——流体速度，m/s；

$\dot{u}$——流体加速度，m/s^2；

C_D——阻力系数；

C_M——惯性系数（或质量系数）。

这种假设最先是由 Morison 等人（1950 年）引入的，所以通常称为 Morison 方程。

式(2-50) 可以用更为准确的形式表示为

$$dF=\frac{1}{2}\rho C_D D|u|u\,ds+\rho C_M A\dot{u}\,ds \tag{2-53}$$

$$F=\int_0^{\zeta}dF \tag{2-54}$$

其中，dF 为作用在增量长度 ds 上的总力，ζ 为瞬时水面高，D 为物体剖面宽或直径。

Morison 方程虽然在工程上得到非常广泛的应用，但其合理性常常受到怀疑。实际上，如果黏性的影响可忽略，这时 C_M 等于 2。

(1) Morison 方程的基本假设

Morison 方程在形式上是相当简单的，但要正确使用其来计算波浪力，却又是相当困难的，因为其中隐含了大量的假设。这些假定大致可分为四组。

① 水质点瞬时速度和加速度必须根据某种波浪理论求出。例如线性波浪理论、Stokes 波理论、孤立波理论等，并且假定波浪特征不受结构存在的影响。这样，显然要对所讨论的物体的大小尺寸加于限制，一般认为

$$D/\lambda\leqslant 0.2 \tag{2-55}$$

其中 λ 为波长，而波长的确定依赖波浪理论的选择及相应的波浪参数的确定。

② C_D 和 C_M 两个参数必须根据已有经验或试验确定。因为阻力分量就是定常流中物体受力的测量，所以，阻力系数可通过测量定常流中作用在物体上的力来确定。通常可做模型试验或实体实验得到。问题是物体的正确特征难于确定。因为阻力系数依赖于雷诺（Reynold）数，$Re=\frac{uD}{v}$，同时还依赖于模型或受测实体表面的粗糙度。因此，所得的阻

力系数实际上表征了受测体的某种平均性质。然而，所得的结果却往往要用于波浪中每一点的计算，这就不可避免地要引入不定因素。在参考文献中可以找到一些 C_D 值的资料，然而，由于结果相当离散，往往难于得出什么结论。

Sarpkaya（1976 年）通过试验发现，波浪流的周期性对 C_D 和 C_M 值有重要的影响。Keulegan-Carpenter 数，$KC=\frac{uT}{D}$（T 为波浪周期），在振荡流中是一个非常重要的参数。其主要结论如下。

a. 对光滑柱体、阻力、横向力和惯性力系数依赖于 Reynold 数和 Keulegan-Carpenter 数。

b. 对粗糙柱体，同一系数有显著的不同，变得几乎不依赖于 Reynold 数而服从某一临界值，且仅依赖于 Keulegan-Carpenter 数和粗糙度。

c. 横向力是总阻力中的一个重要部分，在设计中有必要作出考虑。

至于惯性力系数，对有些形状的物体，可从理论上确定 C_M 值，试验上将遇到确定 C_D 值时所遇到的同样问题，同时还得加上用加速度流所碰到的问题。

必须注意，对非常规的结构形状和构件，要确定适用的 C_D 和 C_M 值，需做大量的试验和分析。试图利用现有的数据进行外插都可能是不可靠的。在缺乏大量可靠资料时使用 C_D 和 C_M 值必须小心，设计者应随时学习最新的研究成果，以便得到较为合适的系数值。

因为质点速度和加速度依赖于所采用的波浪理论。据此导出的 C_D 和 C_M 值仅对所选的波浪理论才是严格正确的，而对不同波浪理论可能有显著的改变。表 2-1 和表 2-2 是应用 Stokes 五阶波理论的结果。不过，这些值可用于线性波和 Stokes 三阶波而不产生严重的误差，条件是增加了不定性，可使用稍高一些的安全系数。

表 2-1 常用结构形式的阻力系数

剖面形状		C_D
→□ 或 →|		2.0
→圆角方形（r, b）	$\frac{r}{b}=0.17$	0.5
	$\frac{r}{b}=0.33$	0.5
→▷		2.0

续表

剖面形状	C_D
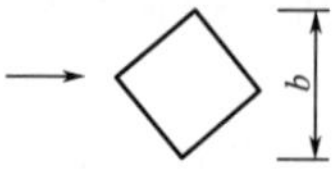 → ◇ b	1.5
 → △ b $\frac{r}{b}=0.08$	1.9
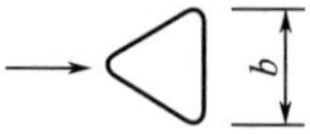 → ◁ b $\frac{r}{b}=0.25$	1.3
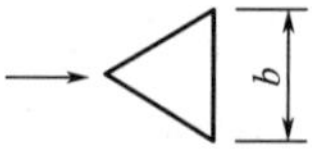 → ◁ b	1.3
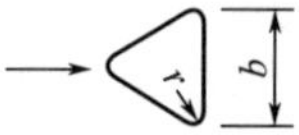 → ◁ b $\frac{r}{b}=0.08$	1.3
 → ◁ b $\frac{r}{b}=0.25$	0.5

表 2-2 常用结构形式的惯性力系数

剖面形状	C_M	剖面形状	C_M
→ ○	2.0	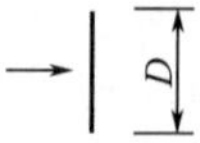 → | D $A=D^2$	1.6
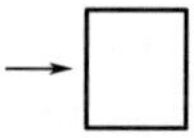 → □	2.5	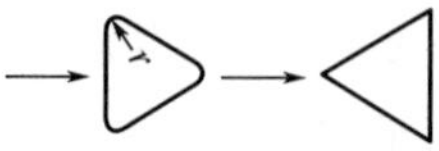 → △ r → ◁	2.3
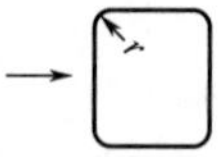 → □ r	2.5	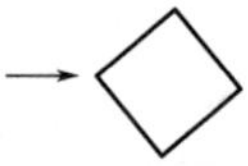 → ◇	2.2

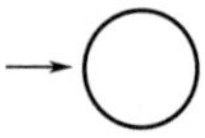

③ 标准 Morison 方程假定，受力结构是刚性的。如果结构具有动力响应或者是漂浮体的一部分，其所引起的运动与水质点速度和加速度相较可能是重要的。这时，有必要使用下面的动力形式

$$dF=\frac{1}{2}\rho C_D D\left|u-u_b\right|(u-u_b)ds+\rho C_M A(\dot{u}-\dot{u}_b)ds+(\rho A ds-M)\dot{u}_b \tag{2-56}$$

式中 u_b——结构元件增量微元段的运动速度，m/s；

$\dot{u}_b$——相应的加速度，m/s^2；

M——微元段的质量，kg。

如果物体是漂浮的（这时排水体积的重量等于物体质量），或其加速度为零，则式(2-56)的最后一项为零，速度和加速度只需矢量相加，并且采用 Morison 方程的标准形式即可。如果只考虑漂浮体的一部分，这时增量微元段所排水重量并不等于其质量，则仍要采用式(2-56)。

④ 采用本文所列的 C_D 值的 Morison 方程仅给出垂直结构元件纵轴的力，而沿元件纵轴方向的力并没有计入，因此仅适用于具有小面摩擦值的元件。对大多数光滑元件来说，这种近似是成功的，但对较大粗糙度的元件，例如堆积了较多海生物的构件，或构件上装有一些外加附件，如桩柱的导线、角板、加强肋等时，这种假定可能不成立。这时沿元件轴向的力必须计算。在大多数情况下，最经常的方法是用试验测量，有时也假定一个面摩擦系数，一般认为是阻力系数的十分之一的数量级的量。

(2) 使用 Morison 方程所面临的一些问题

前面已经探讨了 Morison 方程适用性的一些限制假定，这一部分考察设计中采用 Morison 方程时需要处理的一些问题。

① 系数的选择　正如前面已经讨论的那样，方程系数依赖于 Reynold 数、物体表面粗糙度、质点轨圆半径与物体直径的比（a/D）、Keulegan-Carpenter 数等。一般说来，a/D 是随时间及不同构件而改变的。不过，在设计中通常主要考虑最危险的或最大受力的情形。于是仅需考虑最大波浪运动相应的系数即可。

② 干涉和屏蔽的作用　考虑与另一杆件非常接近的构件的受力时，要考虑尾迹场的影响问题。因为第一构件发放的涡流可能激发起在其后面的构件的动力响应，从而使得采用 Morison 方程计算的力增加，相反，较大构件周围各面的小构件将受到屏蔽作用，从而将感受较小的力。当互相之间的距离超过构件的直径和水质点轨圆直径时，有可能把干涉和屏蔽作用略去。在大多数情况下，只有波浪引起的力的阻力分量受这种情形的影响。

③ 管群的附加质量　管群的附加质量问题实际上是干涉或屏蔽对阻力影响的同一问题的另一个方面。如果几个杆件彼此非常靠近地布置在一起，例如海洋生产平台的导管、张力腿平台的张力腿等，由这些杆件围起来的水质量的一部分将起到结构一部分相同的作用，从而使所有杆件的惯性系数增加，增加多少随布置的形式不同而改变。对直径为 0.75m 的生产导管，中心到中心以 2m 的距离排成正方形，发现其惯性系数高达 3.0。我国《港口工程技术规范（1987）》给出了波浪力的管群

系数 k（见表 2-3）以考虑管群的影响（表中 λ 为柱体间距，D 为柱径）。

表 2-3 管群系数 k

排列方式 \ λ/D	2	3	4
垂直波向	1.5	1.25	1.0
平行波向	0.7	0.8	1.0

④ 空间斜杆的 Morison 方程的一般形式　如图 2-3 所示的空间斜杆，是海洋工程中常常遇到的例子。

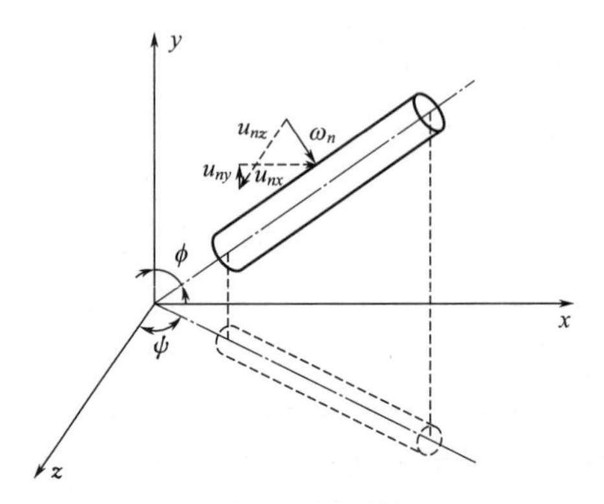

图 2-3　空间斜杆

这时 Morison 方程的一般形式可写成

$$\begin{bmatrix} F_x \\ F_y \\ F_z \end{bmatrix} = \frac{1}{2}\rho C_D D \left| \omega_n \right| \begin{bmatrix} u_{nx} \\ u_{ny} \\ u_{nz} \end{bmatrix} + \rho C_M A \begin{bmatrix} \dot{u}_{nx} \\ \dot{u}_{ny} \\ \dot{u}_{nz} \end{bmatrix} \tag{2-57}$$

其中，速度和加速度矢量可表示成球坐标系的形式如下。

令沿斜杆轴方向的单位矢量为 $\boldsymbol{e}$，则

$$\boldsymbol{e} = e_x \boldsymbol{i} + e_y \boldsymbol{j} + e_z \boldsymbol{k} \tag{2-58}$$

式中，$e_x = \sin\psi\cos\phi$；$e_y = \sin\psi\sin\phi$；$e_z = \cos\psi$。

若已知水质点的速度的水平和垂直分量分别为 u 和 v，那么，垂直于杆的速度矢量可表示为

$$\begin{aligned} \omega_n &= u_{nx}\boldsymbol{i} + u_{ny}\boldsymbol{j} + u_{nz}\boldsymbol{k} \\ &= \boldsymbol{e}[(u\boldsymbol{i} + v\boldsymbol{k})\boldsymbol{e}] \end{aligned} \tag{2-59}$$

于是得到式(2-57) 中各分量表示式如下

$$u_{nx} = u - e_x(e_x u + e_z v) \tag{2-60}$$

$$u_{ny}=-e_y(e_zv+e_xu) \tag{2-61}$$

$$u_{nz}=-v-e_z(e_zv+e_xu) \tag{2-62}$$

$$|\omega_n|=(\omega_n\omega_n)^{1/2}=[u^2+v^2-(e_xu+e_zv)^2]^{1/2} \tag{2-63}$$

注意：相应于前面的讨论，系数选择中相应的 Reynold 数和 KC 数，这时定义为

$$R_e=|\omega_n|D/v \quad KC=|\omega_n|T/D \tag{2-64}$$

⑤ 阻力项的线性化和线化 Morison 方程　Morison 方程式(2-54)中的阻力项，实际上是非线性的。这给具体计算带来极大困难，为了能在工程分析中采用谱分析的方法，往往对阻力项采用拟线性化的近似，即

$$|u|u=u_{\mathrm{rms}}\sqrt{\frac{8}{\pi}}u \tag{2-65}$$

其中，u_{rms} 为速度的均方根值，在稳态随机过程的假定下将为常数。

实际上，如果我们假定存在一个线性化的阻力系数 C_D，则

$$F=\frac{1}{2}\rho C_DD|u|u+\rho C_MA\dot{u}=\frac{1}{2}\rho\overline{C}_DDu+\rho C_MA\dot{u}+E \tag{2-66}$$

其中 E 表示引起线性化阻力系数后所产生的误差。于是

$$E=\frac{1}{2}\rho D(C_D|u|u-\overline{C}_DDu) \tag{2-67}$$

利用最小二乘法，求最小误差值 E，即

$$\left\langle\frac{\partial E^2}{\partial\overline{C}_D}\right\rangle=-\frac{\rho D^2}{2}\langle C_D|u|u^2-\overline{C}_Du^2\rangle=0 \tag{2-68}$$

式中〈〉表示对时间求平均值，因此

$$\overline{C}_D=C_D\frac{\langle|u|u^2\rangle}{\langle u^2\rangle} \tag{2-69}$$

对具有零平均的平稳高斯过程

$$\langle u^2\rangle=u_{rms}^2 \tag{2-70}$$

$$\langle|u|\rangle=u_{rms}\sqrt{8/\pi} \tag{2-71}$$

$$\langle|u|u^2\rangle=u_{rms}^3\sqrt{8/\pi} \tag{2-72}$$

这样，便可得出

$$\overline{C}_D=C_D\sqrt{8/\pi}u_{rms} \tag{2-73}$$

并且，线化 Morison 方程可写成

$$F=\frac{1}{2}\rho C_DD\sqrt{8/\pi}u_{rms}u+\rho C_MA\dot{u} \tag{2-74}$$

2.4.2 绕射理论

(1) 绕射理论基本概念

绕射问题是指波浪向前传播遇到相对静止的结构物后，在结构表面将产生一个向外散射的波，入射波与散射波的叠加达到稳定时将形成一个新的波动场，这样的波动场对结构的荷载问题称为绕射问题，如图 2-4 所示。简言之，绕射问题是指入射波的波浪场与置于其中的相对静止的结构之间的相互作用问题。

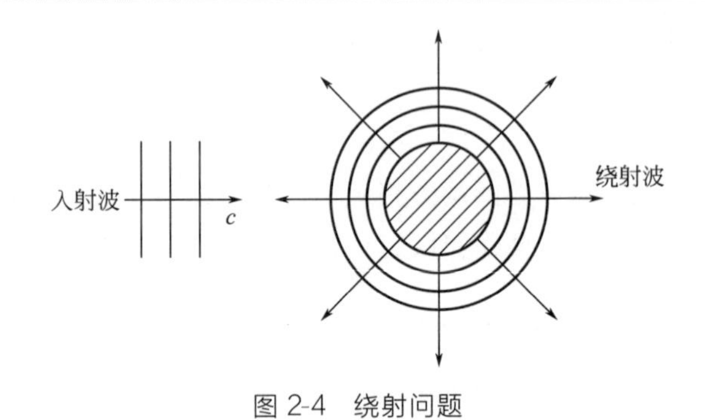

图 2-4 绕射问题

在大尺度物体绕射问题中，必须考虑对入射波的散射效应和自由表面效应的影响，此时波浪对结构物的作用主要是附加质量效应和绕射效应，而黏滞效应是相对较小的，可以忽略不计。这样可以忽略流体的黏性，从而引入均匀、无黏性、不可压缩的理想流体假设，势流理论应运而生。进一步引入不同假设可简化结构物-流体相互作用的物理过程，如认为入射波是线性的，而且波浪与结构物的相互作用也是线性的，则称之为线性绕射问题。在此假定下，可以建立起合理的数学模型来求解作用力问题。

在固定式海洋平台的设计中，往往采用绕射理论与 Morison 方程结合起来的方法，以计算作用在平台上的波浪力。一般说来，对排水体积比较大的物体采用绕射理论进行处理比较合适，而对直径相对小些的部件可采用 Morison 方程。

(2) 作用在大直径圆柱体上波浪力的一种解析解

用绕射理论来计算作用在大型结构上的波浪力，一般是相当困难的，只有形状相当简单的结构才能求出相应的解析解。这里讨论规则波中作用在大直径圆柱体上的波浪力，在理想、无旋、有势的假定下求解 Laplace 方程的边值问题。

鉴于问题的轴对称性，引入柱坐标系，如图 2-5 所示。这时 Laplace 方程变成

$$\frac{\partial^2 \phi}{\partial r^2}+\frac{1}{r}\times\frac{\partial \phi}{\partial \theta}+\frac{1}{r^2}\times\frac{\partial^2 \phi}{\partial \theta^2}+\frac{\partial^2 \phi}{\partial z^2}=0 \tag{2-75}$$

其中，$\phi=\phi_I+\phi_D$，ϕ_I 表示入射波势，ϕ_D 表示绕射波势。于是，物面条件可写成

$$\frac{\partial \phi}{\partial r}=\frac{\partial \phi_I}{\partial r}+\frac{\partial \phi_D}{\partial r}=0,r=d \tag{2-76}$$

式中，d 为圆柱的半径。

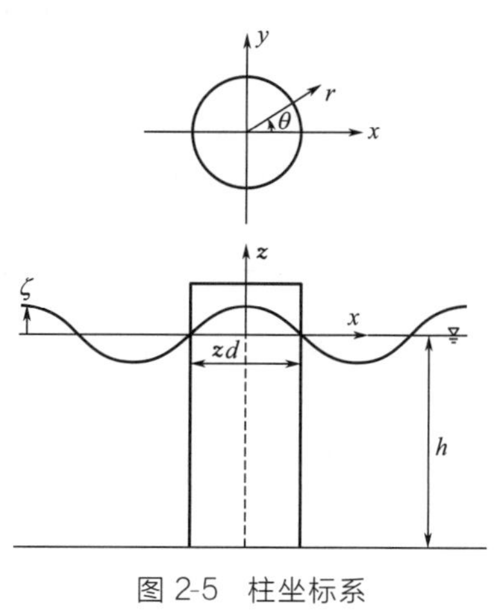

图 2-5 柱坐标系

入射波势 ϕ_I 是已知的，采用线性波理论

$$\phi_I=A\frac{\cosh k(z+h)}{\cosh kh}e^{i(kx-\omega t)} \tag{2-77}$$

因为在柱坐标系下

$$e^{ikz}=e^{ikr\cos\theta}=\cos(kr\cos\theta)+i\sin(kr\cos\theta) \tag{2-78}$$

根据数学函数手册，式(2-78) 的右边可以展成 Bessel 函数的无穷级数，于是入射波的速度势能写成

$$\phi_I=A\frac{\cosh k(z+h)}{\cosh kh}\left[\sum_{n=0}^{\infty}\beta_n J_n(kr)\cos(n\theta)\right]e^{-i\omega t} \tag{2-79}$$

其中

$$\beta_n=\begin{cases}1 & n=0\\ 2i^n & n\geqslant 1\end{cases} \tag{2-80}$$

$J_n(kr)$为 n 阶第一类 Bessel 函数。

绕射波势除满足 Laplace 方程式(2-75) 外，同时还应满足散射条件

$$\lim_{r\to\infty}\sqrt{r}\left(\frac{\partial \phi_D}{\partial r}-ik\phi_D\right)=0 \tag{2-81}$$

设绕射波势 ϕ_D 为

$$\phi_D=\sum_{i=0}^{\infty}A\frac{\cosh k(z+h)}{\cosh kh}\psi_n(r)\cos(n\theta)e^{-i\omega t} \tag{2-82}$$

把式(2-82) 代入式(2-75)，可得 Bessel 方程

$$\frac{\partial\psi_n}{\partial r^2}+\frac{1}{r}\times\frac{\partial\psi_n}{\partial r}+\left(k^2-\frac{n^2}{r^2}\right)\psi_n=0 \tag{2-83}$$

取上述 Bessel 方程的解为

$$\psi_n=\beta_n B_n H_n^{(1)}(kr) \tag{2-84}$$

其中，B_n 为未定（复）系数，$H_n^{(1)}(kr)$为第一类 Hankel 函数。

把式(2-84) 代入式(2-82) 便得到

$$\phi_D=A\frac{\cosh k(z+h)}{\cosh kh}\left[\sum_{n=0}^{\infty}\beta_n B_n H_n^{(1)}(kr)\cos n\theta\right]e^{-i\omega t} \tag{2-85}$$

由于第一类 Hankel 函数 $H_n^{(1)}(kr)$的变量 $kr\to\infty$时的渐进形式为

$$H_n^{(1)}(kr)\to\left(\frac{2}{\pi kr}\right)^{1/2}\exp\{i[kr-(2n+1)\pi/4]\} \tag{2-86}$$

容易看出，ϕ_D 将满足散射条件式(2-81)。

为了确定未定系数 B_n，可把式(2-85) 和式(2-79) 同时代入式(2-77)，从而得到

$$B_n=-J'_n(kd)/H_n^{(1)'}(kd) \tag{2-87}$$

其中一撇表示相应自变量的微分。这样便得到完整的解如下

$$\phi=A\frac{\cosh k(z+h)}{\cosh kh}\left[\sum_{n=0}^{\infty}\beta_n\left(J_n(kr)-\frac{J'_n(kd)}{H_n^{(1)'}(kd)}H_n^{(1)}(kr)\right)\cos n\theta\right]e^{-i\omega t} \tag{2-88}$$

一旦速度势已经确定，所有相关参数都可直接得到，如自由表面高度

$$\zeta=-\frac{1}{g}\left(\frac{\partial\phi}{\partial t}\right)_{z=0} \tag{2-89}$$

利用 Abramowitz 和 Stegun（1965 年）提供的恒等式

$$J_n(kd)-\frac{J'_n(kd)}{H_n^{(1)'}(kd)}H_n^{(1)}(kd)=\frac{2i}{\pi kdH_n^{(1)'}(kd)} \tag{2-90}$$

便可得到 $r=d$ 时的 ζ 值

$$\left(\frac{\zeta}{d}\right)_{r=d}=\left[\sum_{n=0}^{\infty}\frac{i\beta_n\cos(n\theta)}{\pi kdH_n^{(1)'}(kd)}\right]e^{-i\omega t} \tag{2-91}$$

作用在柱体表面上的压力，根据 Bessel 方程

$$P=-\rho gz-\rho\left(\frac{\partial\phi}{\partial t}\right)_{r=d}$$

得到

$$\left(\frac{P}{\rho hH}\right)_{r=d}=-\frac{z}{H}+\frac{\cosh k(z+h)}{\cosh kh}\sum_{n=0}^{\infty}\frac{i\beta_n\cos(n\theta)}{\pi kdH_n^{(1)'}(kd)}e^{-i\omega t} \tag{2-92}$$

作用在柱体横剖面 z 处的 x 方向的力，可沿柱体周线压力积分得到

$$f_z(z) = -\int_0^{2\pi} p(\theta, d) d\cos\theta \mathrm{d}\theta \tag{2-93}$$

即

$$\frac{\mathrm{d}F_z/\mathrm{d}z}{\rho g H d} = 2\frac{f_d(kd)}{kd} \times \frac{\cosh k(z+h)}{\cosh kh}\cos(\omega t - \delta) \tag{2-94}$$

式中

$$f_d(kd) = [J'^2_1(kd) + Y'^2_1(kd)]^{-1/2}$$
$$\delta = -\arctan[Y'_1(kd)/J'_1(kd)]$$

在导出式(2-94) 的过程中，已经利用了三角函数正交的性质，以及复数的性质。

作用在柱体上的总波浪力和力矩，能根据下式计算

$$\frac{F}{\rho g H d h} = 2\frac{f_d(kd)}{kd} \times \frac{\tanh(kh)}{kh}\cos(\omega t - \delta) \tag{2-95}$$

$$\frac{M}{\rho g H d h} = 2\frac{f_d(kd)}{kd} \times \frac{kh\sinh(kh) + 1 - \cosh(kh)}{(kh)^2\cosh(kh)}\cos(\omega t - \delta) \tag{2-96}$$

为与前面讨论的 Morison 方程比较起见，我们引入等效惯性系数 C_M 来表示波浪力的幅值，从而把总波浪力写成

$$F = \frac{\pi}{\delta}\rho g H D^2 \tanh(kh) C_M \cos(\omega t - \delta) \tag{2-97}$$

其中，$D=2d$ 为圆柱体的直径，

$$C_M = \frac{4}{\pi(kd)^2} f_d(kd) = \frac{4}{\pi(kd)^2} \times \frac{1}{\sqrt{J'^2_1(kd) + Y'^2_1(kd)}} \tag{2-98}$$

(3) Green 函数法

对于任意形状的大型结构，一般都难以得到解析解，因此常常使用数值计算方法。目前流行的数值计算方法有有限元方法和有限基本解方法两种，有限基本解方法通常又称为 Green 函数法。下面介绍 Green 函数方法。

沉箱和上层建筑的复合结构如图 2-6 所示。假定上层建筑对沉箱的影响可略去，而只考虑波浪与沉箱的相互作用。于是，计算上层建筑上的波浪力则只能采用绕射理论了。

这样的问题中，相应的速度势可写成

$$\Phi = \Phi_I + \Phi_D \tag{2-99}$$

其中，Φ_I 为入射波相应的速度势，Φ_D 表示沉箱所产生的散射波势。线性入射波的速度势为

$$\Phi_I = \mathrm{Re}[\phi_I \mathrm{e}^{-i\omega t}]$$

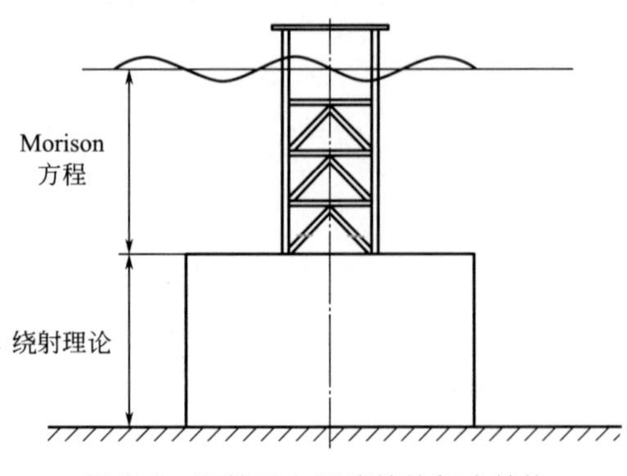

图 2-6 沉箱和上层建筑的复合结构

其中

$$\phi_I = -\frac{iga}{\omega} \times \frac{\cosh k(z+h)}{\cosh kh} \mathrm{e}^{i(kx\cos\theta - ky\sin\theta)} \tag{2-100}$$

θ 表示入射波的入射角。

散射波势的边值问题可建立如下

$$\nabla^2 \phi_D = 0 \tag{2-101}$$

$$\partial\phi_D / \partial z = 0, z = -h \tag{2-102}$$

$$\frac{\partial \phi_D}{\partial z} - \frac{\omega^2}{g}\phi_D = 0, z = 0 \tag{2-103}$$

$$\frac{\partial(\phi_I + \phi_D)}{\partial n} = 0, F(x,y,z) = 0 \tag{2-104}$$

以及适当的散射条件。其中 $F(x,y,z)=0$ 为物面方程。

在前面的讨论中，已知满足式(2-101)～式(2-104) 及适当散射条件的边值问题有基本解，并可写成

$$G = \frac{1}{r} + \frac{1}{r^2} PV\int_0^\infty \frac{2(k+v)\mathrm{e}^{-kh}\cosh[k(\zeta+h)]\cosh[k(z+h)]}{k\sin(kh) - v\cosh(kh)} J_0(kR)\mathrm{d}k - i\frac{2\pi(\mu_0 - v)\mathrm{e}^{-\mu_0 k}\sinh(\mu_0 h)\cosh[\mu_0(\zeta+h)]\cosh[\mu_0(z+h)]}{vh + \sinh^2(\mu_0 h)} J_0(\mu_0 R) \tag{2-105}$$

注意，这里采用的复数形式表示，其中(ξ,η,ζ)表示流域中某已知点存在三维单位强度振动源。如果在沉箱表面上做适当的源分布，则在流场中一点(x,y,z)上的速度势可表示为

$$\phi_D = \frac{1}{4\pi}\iint_S f(\xi,\eta,\zeta)G(x,y,z;\xi,\eta,\zeta)\mathrm{d}S \tag{2-106}$$

由于问题本身的线性性质，显然式(2-106) 仍满足边值问题式(2-101)～式(2-104)。其中 Green 函数由式(2-105) 给出，只有源强分布函数 $f(\xi,\eta,\zeta)$未知。这可通过式(2-104) 解出。

当把式(2-106) 代入式(2-104) 中，求散射势 ϕ_D 的法向导数时，注意到，当流域中某点 $p(x,y,z)$接近面源点 $q(\xi,\eta,\zeta)$时，由 Green 函数可知，式(2-106) 的法向导数是奇异的。因此，在计算式(2-106) 的积分导数时，要小心，一般可把式(2-106) 的导数分解成二项。即

$$\frac{\partial\phi_D}{\partial n} = \frac{1}{4\pi}\iint_{S-\Delta S} f(\xi,\eta,\zeta)\frac{\partial G}{\partial n}(x,y,z;\xi,\eta,\zeta)\mathrm{d}S + \frac{1}{4\pi}\frac{\partial}{\partial n}\iint_{\Delta S} fG\mathrm{d}S \tag{2-107}$$

为讨论方便，把 Green 函数写成

$$G = \frac{1}{r} + G^* \tag{2-108}$$

当 $p \to q$ 时，

$$G = \frac{1}{\varepsilon} + G^* \tag{2-109}$$

其中，ΔS 为以 q 点为圆心，ε 为半径在物面上截取的小面元。

所以，式(2-107) 第二个积分内有奇异，不能交换积分微分号。不过，此时由于 ε 充分小，小面元 ΔS 可看成是一个圆，其上的源强 f 可近似地看成是一个常数。如此 [注意到 $r=(R^2+z^2)^{1/2}$]，当 $\varepsilon \to 0$ 时

$$\iint_{\Delta S} fG\mathrm{d}S = f\int_0^{2\pi}\int_0^{\varepsilon}\left(\frac{1}{r}+G^*\right)R\,\mathrm{d}R\,\mathrm{d}\theta = f2\pi\left(\sqrt{\varepsilon^2+z^2}-\sqrt{z^2}\right) \tag{2-110}$$

$$\nabla\left(\iint_{\Delta S} fG\mathrm{d}S\right) = \nabla\left[f2\pi\left(\sqrt{\varepsilon^2+z^2}-\sqrt{z^2}\right)\right] = -\boldsymbol{n}(2\pi f) \tag{2-111}$$

于是，式(2-107) 第二项可写成

$$\frac{1}{4\pi}\times\frac{\partial}{\partial n}\iint_{\Delta S} fG\mathrm{d}S = \frac{1}{4\pi}(\boldsymbol{n}\cdot\nabla)\iint_{\Delta S} fG\mathrm{d}S = -\frac{1}{2}f \tag{2-112}$$

因此，边界条件式(2-104) 可写成

$$-f(x,y,z) + \frac{1}{2\pi}\iint_S f(\xi,\eta,\zeta)\frac{\partial G}{\partial n}(x,y,z;\xi,\eta,\zeta)\mathrm{d}S = -2\frac{\partial\phi_0}{\partial n} \tag{2-113}$$

这个方程常称为 Fredholm 积分方程，一般可通过数值方法求解。

如果通过式(2-113)解出源强分布函数 $f(\xi,\eta,\zeta)$，那么便可从式(2-106)求出流场中沉箱的散射速度势 ϕ_D，整个流场的速度势也就确定了。一旦求出流场中速度势函数后，可根据 Bernoulli 方程

$$P=-\rho\frac{\partial\Phi}{\partial t}-\frac{1}{2}\rho|\nabla\Phi|^2-\rho gz \tag{2-114}$$

把相应的速度势代入，从而计算出作用在沉箱上的流体压力。其中，第二项是速度平方项的贡献，一般比第一项小得多，常可略去；最后一项表示流体静压力的作用。

至此，作用在沉箱上的波浪力和力矩可通过淹湿表面对式(2-114)积分得到。注意，这时流体静压力的作用不再计入。

$$\boldsymbol{F}=\iint P\boldsymbol{n}\mathrm{d}S=-\rho\iint\frac{\partial\Phi}{\partial t}\boldsymbol{n}\mathrm{d}S \tag{2-115}$$

$$\boldsymbol{M}=\iint P(\boldsymbol{r}'\times\boldsymbol{n})\mathrm{d}S=-\rho\iint\frac{\partial\Phi}{\partial t}(\boldsymbol{r}'\times\boldsymbol{n})\mathrm{d}S \tag{2-116}$$

式中，$\boldsymbol{r}'$表示积分表面上点的位置矢量；$\boldsymbol{n}$ 为积分表面的单位外法线方向。

当然，在具体计算作用在大型固定结构上的波浪力时，仍有许多实际问题需要处理，这方面的参考文献很多，有兴趣者可以参阅 C. J. Garrison（1978 年）等人的文章。

2.4.3 Morison 方程与绕射理论的关系

绕射理论是在理想、不可压缩、无旋的假定下建立起来的，并且利用线性化自由表面条件求得线性解。因而，绕射理论面临两个基本限制：①忽略黏性所引起的影响；②假定小幅运动而使自由表面条件线性化所产生的影响。

首先考虑小幅运动假定的影响。Raman 和 Venkatanarasaih（1976 年）针对波浪与固定结构的相互作用问题，把绕射理论推广到二阶，从而得到线性化自由表面条件影响的一些结果。结果似乎表明，只有在浅水大振幅波时，非线性影响才变得重要起来。在实际计算近海沉箱类固定结构物的波浪作用力时，非线性绕射理论将明显地得出较大的值。而对大多数处于较深水域的结构物，非线性自由表面的影响一般可略去。对垂直穿出水表面的圆柱体，当水深 h 与波长 λ 比大于 0.25，波倾达到 0.09 时，非线性影响小于 5%，只有 $h/\lambda<0.25$ 时，非线性影响才变得较为显著，其增加的程度多少正比于波倾。

其次，略去黏性对绕射理论的影响问题。在高 Reynold 数条件下，

众所周知，黏性影响主要集中在流域的边界层内。对纯体，例如圆柱体，边界层的发展会引起流动分离，从而形成尾迹区。进而使局部压力，以及作用在物体上的力与根据无黏性假设下计算的结果不同。因此，必须考虑控制流动分离和尾涡发展的参数，以及略去黏性后绕射理论的实际限制。

这些问题是极其复杂的。实际上将依赖于物体的形状、振荡运动类型、相对物体尺度的流体运动的振幅、Reynold数等，期望从理论上完全解决，为期尚远。目前，多数是通过测量流过圆柱体的振荡流所感生的作用力，得到试验结果以给出近似的解答。并且，对设计有价值的数据大多取自实尺度的海试测量或接近实尺的试验结果。因为实验室所做的试验，绝大多数都是在不合适的Reynold数条件下进行的，而在次临界或在超临界流中试验所得的结果将相当不同。当然，实验室的试验仍然是有价值的，但不是为设计目的得出有用数据，而在于对复杂流动的深入了解，以帮助建立更为准确的理论。

综合本节内容，推荐两个简单规范用于判断阻力、惯性力与绕射力对波浪力贡献的相对重要性：

① $2a/D \leqslant 1$ 时，阻力可以忽略；

② $D/\lambda < 0.2$ 时，绕射影响可以忽略。

据此，以规则波中固定圆柱体为例，给出了绕射理论和Morison方程计算波浪力时各自的适用范围（见图2-7）。

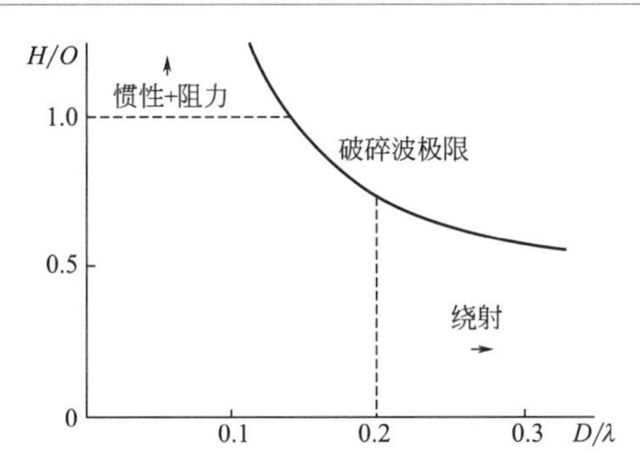

图2-7 绕射理论和Morison方程计算波浪力时各自的适用范围

第3章

波浪能发电装置概述

3.1 波浪能发电装置基本原理

波浪能是指海洋表面波浪所具有的动能和势能。波浪的能量与波高的平方、波浪的运动周期以及迎波面的宽度成正比，此外也与波浪功率的大小、风速、风向、风时、流速等诸多因素有关。

利用波浪能发电装置将波浪能转换成电能的过程，根据采集、传递和储存的装置不同一般可分成两级装置，称之为一级装置和二级装置。首先一级装置利用物体或者波浪自身上下浮升和摇摆运动将波浪能转化成机械能，再将机械能转变成旋转机械（如水力透平、空气透平、液压电动机、齿轮增速机构）的机械能，其次利用二级装置将机械能转化成电能利用。原理示意图如图 3-1 所示。

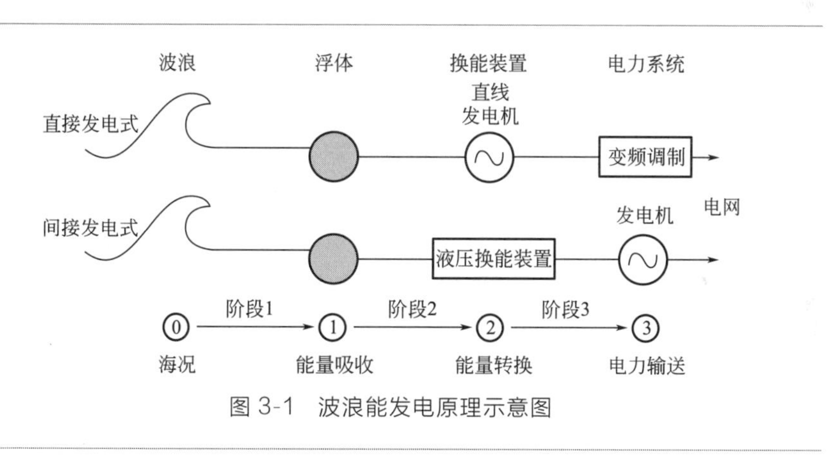

图 3-1 波浪能发电原理示意图

目前已经研究开发比较成熟的波浪能发电装置基本上有三种类型。一是振荡水柱型，用一个容积固定的，与海水相通的容器装置，通过波浪产生的水面位置变化引起容器内的空气容积发生变化，压缩容器内的空气（中间介质），用压缩空气驱动叶轮，带动发电装置发电。中国科学院广州能源研究所在广东汕尾建成的 100kW 波浪发电站（固定岸式）、日本海明发电船（浮式）以及航标灯式波浪能装置都是属于这种类型。二是机械型，利用波浪的运动推动装置的可移动部分——鸭体、筏体、浮子等，可移动部分压缩（驱动）油、水等中间介质，通过中间介质推动转换发电装置发电。三是水流型，利用收缩水道将波浪引入高位水库形成水位差（水头），利用水头直接驱动水轮发电机组发电。这三种类型各有优缺点，但有一个共同的问题是波浪能转换成电能的中间环节多、效率低、电力输出波动性大，这也是影响波浪发电大规模开发利用的主要原因之一。把分散的、低密度的、不稳定的波浪能吸收起来，集中、经济、高效地转化为有用的电能，装置及其构筑物能承受灾害性海洋气候的破坏，实现安全运行，是当今波浪能开发的难题和方向。

3.2 波浪能转换方式

波浪能的转换就是将海洋上的波浪能通过一定的转换方式，使之成为可以利用的动力，可以被认为是耗能的逆过程。根据转换方式的不同，波浪能转换装置可分为不同形式，但大致可以被分为三个转换环节。第一级与波浪直接接触俘获波浪能，将波浪能转换成发电系统所能接受的实体能量，通常表现为在波浪运动下的起伏机械能，如浮子（如图 3-2 所示）、摆板等装置；第二级为中间转化和传输系统，把起伏的机械能传输到第三级进行发电；第三级即发电系统和输出电力系统，通常为发电机。这三级是相互联系，相互作用的。最重要的是第一级的波浪能俘获系统，波浪能俘获的多少直接影响到后面二、三级系统的转化效率和发电量。第二级主要起稳向、增速、稳速的作用。第一级与第三级之间很多时候具有一定的距离，必须有第二级在两者之间起到连接和能量传递作用。各个环节及其作用简要介绍如下。

图 3-2　漂浮式波浪能发电装置浮子

（1）第一级转换

第一级转换通常由两个实体组成，分别为受能体和定体，它们能够把波浪垂荡运动所带有的动能和势能转化为发电装置所持有的能量。其中，受能体是与波浪接触的部分，并能从波浪中接受其所持有的能量。固定体相对于受能体可以看作是相对固定的，并可产生与受能体相对的运动。受能体和固定体之间的相对运动实现能量转换的方式可以是多种多样的，如机械能转换、液压能转换、空气能转换等，以此来实现波浪能的第一级转换。

（2）中间转换

在波浪能转换的体系中，中间转换可以认为是作为桥梁作用的部分，并实现把第一级转换与最终转换相连接的功能。中间转换可以起到稳定、提速、稳速以及在离岸式波浪能发电装置中起到能量输送的作用。中间转换同样具有多种的形式，具体可以分为机械式、液压式和气动式等。

波浪能转换过程是不稳定的，所以在中间转换环节通常具有储能的结构，以达到可以存储多余能量和释放能量的目的。储能结构常采用飞轮、水池水室、压缩水或空气罐等装置。

（3）最终转换

最终转换通常是将机械能转换为电能的部分，较多被使用的是带有相应调节机构的发电机。发电机上之所以要有调节机构，是因为发电机所处的工作环境是不稳定的，变化比较剧烈，对发电机的效率会有较大的影响。最终所得到的电能的输出和使用，对于小型发电装置，例如航标设备等，是将不稳定的电流通过整流电路的整流，然后在蓄电池内储存起来，并给这些小型设备供电。而对于大型波浪能发电装置，则通常是把电能通过海底输电电缆输送到陆上电网以供下一步的使用。

波浪能转换装置的能源利用终端主要是以电能的方式输出，当然也可以有其他能量形式输出利用，如机械能以及海水淡化等方式。以目前的电能输出而言，波浪能至电能的转换必然要求中间的能量转换环节。常见的能量转换环节主要为，以液压转换方式为例说明，波浪能转换成摆板的机械能（一级转换），机械能转换为液压能（二级转换），液压能转换为液压马达的机械能（三级转换），最终通过发电机转换成电能（四级转换）。当然有的波浪能转换装置采用不同的中间过渡形式而节省了一些环节，如瑞典的乌普萨拉大学（Uppsala University）及美国的俄勒冈州立大学（Oregon State University）采用的就是线性电机直驱模式。这里描述的电能转换终端系统即指波浪能转换为电能输出前的最后一级转换方式。通常采用的终端系统主要是空气透平、水轮机、液压马达，以及后来出现的线性直驱电机等。这些系统多是以机械能的方式输出或输入，其应用范围多是与不同的一级转换形式相适应。如空气透平主要适用于振荡水柱型波浪能转换装置；水轮机多适用于 Overtopping 型式；液压马达多采用于铰接摆式；线性直驱电机多适用于振荡浮子式等。

传统的空气透平不能适用于波浪能装置的往复气流形式，并且由于输入能量的特点，其输出扭矩也是不稳定的，因此对自整流空气透平的研究和应用就很多，这种透平的好处在于其输出扭矩的方向与驱动叶轮旋转的气流的方向无关。Dr. Allan Wells 在 20 世纪 70 年代中期发明了威尔斯（Wells）透平，并且根据转子的数目分为单转子和双转子两种，而且又分为有导流叶片和无导流叶片区分。日本、印度、中国和欧洲等对这种透平的研究较多，多在振荡水柱波浪能转换装置上有所应用。其优点主要体现在：较高的轴流速度比，即可以输出较大的转速，这样就可以很好地和传统的发电机匹配连接；较高的峰值效率，可以达到约 80%；设计和建造成本较低。同样其不足点主要表现在：输出扭矩较低；容易出现失速现象；较大的噪声出现；体积较大，比较笨重；额定功率为 400kW 的发电装置所需叶轮直径 2.3m，500kW 约需 2.6m。

可变斜度 Wells 透平（见图 3-3）的概念在 20 世纪 70 年代被提出，其目的是适应不同的气流工作压力区间，使其适应性更强，工作效率更高。I. A. Babinsten 在 1975 年发明了一种自整流冲击透平（见图 3-4），它同传统的轴流冲击蒸汽涡轮机相似，不同的是由于其整流需要而变成了两排对称布置的导流罩。比较两种透平可以发现，Wells 透平的转速相对较高，和传统的发电设备匹配较容易，使得发电成本降低。可变斜度冲击透平受离心压力和马赫数的影响较小，在波浪能丰富的深海中比较适合。

图 3-3 导流叶片 Wells 透平

图 3-4 冲击透平

Overtopping 式波浪能发电装置多是以水轮机输出能量至发电机的系统实现，另外铰接摆式 Oyster 也是采用这种模式。这种水轮机根据波浪能发电装置的规模和水头大小一般分为低水头和高水头两种类型。低水头的水流落差在几米至十几米之间，高水头则一般在百米以上。采用水轮机的优点是它的能量转换效率较高，一般在 90%以上。

由于铰接摆式波能装置的大推力及低频特性，因此油压系统特别适合于这种形式的波浪能发电系统，如图 3-5 所示。通常在油路上配合有蓄能器以平滑波浪大推力的瞬间冲击，目前这种能量转换系统得到较多的应用。振荡浮子式波浪能转换装置也较多采用此模式。这种模式的不足点在于泄油容易污染海水，以及寿命比较短。

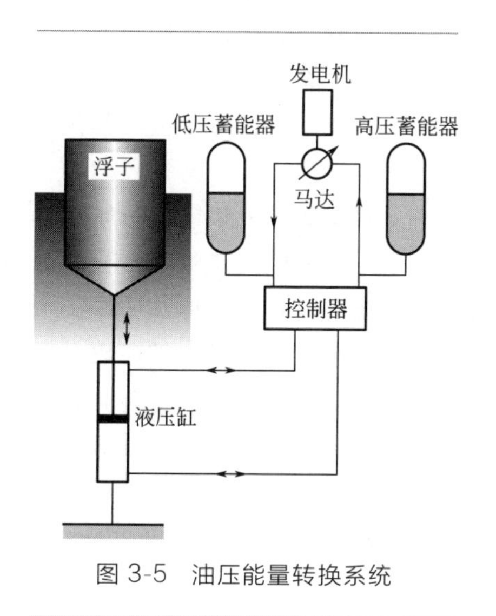

图 3-5 油压能量转换系统

线性电机直驱系统早在 1981 年 Mc Cormick 就已经提出，最早的应用出现在荷兰的振荡浮子式波浪能转换装置 Archimedes Wave Swing（AWS）上。还有瑞典乌普萨拉大学（浮体直径 3m）和美国俄勒冈州立大学（浮体直径 3.5m）的振荡浮子式波浪能转换装置。直驱的优点显而易见，省去了中间能量转换的损耗，提高了整个系统的波浪能转换效率。区别于传统的转子转动的电机设备，该电机的转子是线性往复运动，和振荡浮子的运动相一致。因此，其运动速度要比传动旋转电机低两个数量级，使得更容易和波浪的低频相适应。

3.3 波浪能发电装置分类

3.3.1 波浪能转化装置

目前已知的波浪能转化装置的结构形式、工作原理有多种，并在不断增加中。每一种波浪能装置都有其优、缺点。对于波浪能转化装置，一般有以下几种分类法。

（1）按装置固定方式

按装置固定的方式来划分，波浪能转化装置可以分为固定式和漂浮式两种。固定式装置的主体结构被固定，不会随波浪运动而运动；漂浮式装置则漂浮在海面上，随着波浪的运动而跟着一起运动。漂浮式装置一般通过锚或重块与海底锚接。

固定式还可以根据安装地点划分为岸式和离岸式。岸式波浪能转化装置固定在海岸边，其优点是便于维护管理以及进一步开展研究，便于电力输送，当选址及装置设计得当时，其工作效率一般较高。缺点在于海岸边的波浪能能流密度往往比较小。

离岸式波浪能转化装置固定于海底，其优点是装置周围的波浪能能流密度较大，但其中一部分会绕射到装置背后。缺点在于转换效率较低，管理、输电成本较高以及不利于开展进一步研究。

漂浮式波浪能转化装置通常在船厂建造，然后根据需要安放到合适的水域。所以，漂浮式装置较固定式装置的建造难度要小。但漂浮式装置的缺点在于其工作效率一般低于固定式装置，而且容易受到大风、大浪的威胁，其结构、锚泊系统以及输电线路很容易遭到破坏，因此，其维护管理成本与装置的结构、电力输送的距离，以及锚泊系统的要求有关。

（2）按能量传递方式

按能量传递的方式来划分，可分为气动式、液压式和机械式三种。气动式波浪能转化装置的其中一个转化环节是通过气体来传递能量。例如振荡水柱式波浪能装置就是利用空气将波浪的能量传递给空气透平。液压式波浪能转化装置的其中一个转化环节是通过液体来传递能量。常见的液压式波浪能装置有点头鸭式、浮子式和摆式。

（3）按装置对波浪能能流影响的结果

按波浪能转化装置对波浪能能流影响的结果来划分，可分为消耗型和截止型两种。消耗型装置只吸收入射波能量的一部分，而背浪一侧仍有绕射的波浪；截止型装置将波浪挡在装置迎浪的一侧，背浪的一侧几乎没有波浪。

（4）按吸取波浪能的结构形式

按装置吸取波浪能的结构形式来划分，常见的有振荡水柱式、点头鸭式、浮子式、筏式、摆式和聚波水车式等形式。

3.3.2 波浪能发电装置

发电装置作为电能转换环节，对波浪能发电系统的性能至关重要。目前，波浪能发电系统中典型的几类发电装置包括：直线电磁发电机、压电发电机及电活性聚合物发电机。其中，压电发电技术和电活性聚合物发电技术是较新的二次转换技术，特别是电活性聚合物发电机的研究方兴未艾。

(1) 直线电磁发电机

直线电磁发电机是直线驱动的电磁感应发电机，是目前波浪能发电中应用较多的发电装置，通常用于浮标型发电系统。直线电磁发电机的原理同传统的旋转式发电机相同，基于法拉第电磁感应定律。直线电磁发电机主要分五类：永磁直线发电机、直线感应发电机、开关磁阻发电机、纵向磁通发电机和横向磁通发电机。张露予等设计了工作在较低频率的电磁式振动发电机，并进行谐振频率分析。Henk Polinder 等提出了永磁直线发电机比感应发电机、开关磁阻发电机效率更高，并提出了一种新式双侧横向磁通永磁发电机，适合浮标型波浪能装置。永磁直线发电机是未来直线电磁发电机的发展方向。我国稀土资源丰富，稀土永磁材料优异的磁性能非常适合永磁直线发电机的研究发展，能够使其结构更简单、运行更为可靠，更好地应用于波浪能发电。

(2) 压电发电机

压电陶瓷是一种具有压电效应的无机非金属材料。压电效应分为正压电效应和逆压电效应。某些介质在力的作用下，产生形变，引起介质表面带电，这是正压电效应。反之，若施加激励电场，介质将产生机械变形，称逆压电效应。压电发电机正是利用了正压电效应。因为压电陶瓷发电需要工作于高频率振动，一般设计为悬臂梁结构。Murray 和 Rasteger 设计了基于波浪能的压电能量获取装置，该装置通过浮漂系统和悬臂梁结构将低频波浪振动转化为压电系统高频振动。谢涛等对多悬臂梁压电振子频率进行了分析，表明多悬臂梁可以有效地拓宽谐振频带，更好地与外界振动相匹配，从而提高压电发电效率。压电发电机需要工作于高频率振动，而波浪能频率低，如何设计装置将低频的波浪能转化为压电系统所需的高频振动是一大难点，制约着压电式波浪能发电的进一步发展。

(3) 电活性聚合物发电机

电活性聚合物（Electroactive Polymer，EAP）是一类高分子功能性材料，而介电弹性体（Dielectric Elastomer，DE）是其中性能最优的一种。从原理上，介电弹性体发电机（Dielectric Elastomer Generator，DEG）是一种具有“三明治”式三层结构的可变电容器，上、下两侧是柔性电极，中间是介电弹性体。在施加偏置电压时，通过拉伸、收缩介电弹性体即可将施加的机械能转化为电能，发电循环如图 3-6 所示。

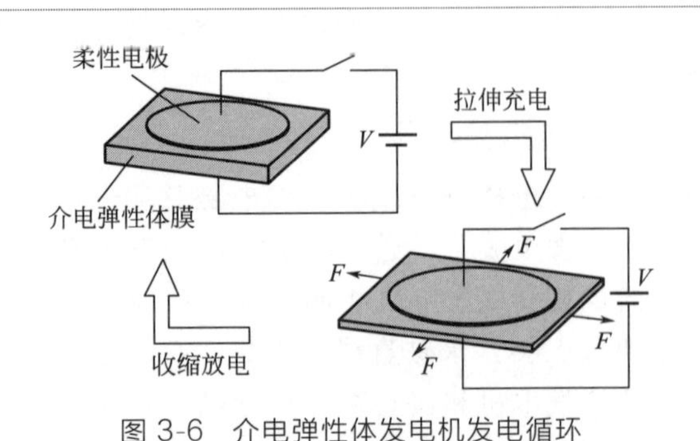

图 3-6　介电弹性体发电机发电循环

介电弹性体具有质量密度低、能量密度高、变形大、机电耦合好、转换效率高及价格低等突出特点，使其在能量收集领域具有广阔的应用前景。相对于压电陶瓷，介电弹性体发电机能在更宽的频率范围高效工作，特别适合于波浪能低频率、大推力的场合。

3.4 典型波浪能发电装置特点

3.4.1 点头鸭式波浪能发电装置

点头鸭式发电装置是 Salter 教授于 1974 年发明的，从外表上观察点头鸭式装置像一个凸轮，可围绕中心轴旋转，中心轴的排布垂直于来波方向。

如图 3-7 所示，波浪从左边冲过来，左边的波浪高，这样在鸭嘴 5 和鸭肚 3 靠上的部分产生推动力，而右边，即鸭尾 2 部分不受力，因此整个鸭体受力不平衡，将会绕回转轴 4 产生顺时针摆动。当波浪过去之后，鸭体在回复力矩作用下恢复原状态。当波浪从右边冲过来时，则鸭尾面受力，鸭体将会逆时针摆动。这样，鸭体和回转轴产生的相对运动，经过一系列的机构转化后，将带动花键泵转动，花键泵泵出高压液压油，驱动液压马达旋转，液压马达带动发电机转动，产生电能。

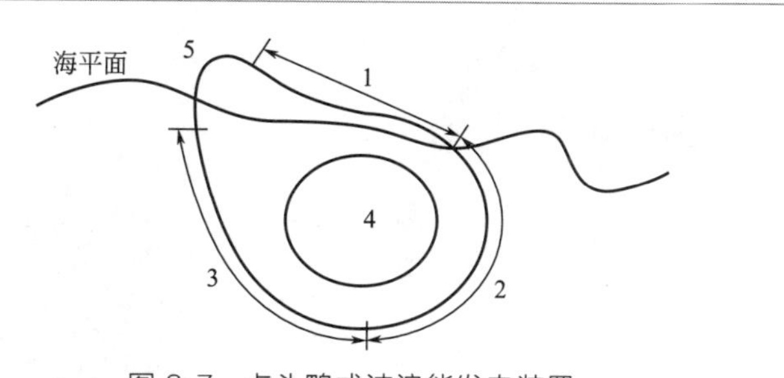

图 3-7 点头鸭式波浪能发电装置

1—鸭背；2—鸭尾；3—鸭肚；4—回转轴；5—鸭嘴

图 3-8 所示是由中国科学院广州能源研究所研制的一座 300W 鸭式波浪能转换装置。Salter 点头鸭式波浪能发电装置虽然是一种有效的波能转换装置，但是它也有明显的缺点：一方面它结构复杂，又有许多部件暴露在海水中，易发生腐蚀卡死等现象，可靠性不高；另一方面，Salter 点头鸭式波浪能发电装置的长条形的浮式结构太脆弱，在风浪大的时候根本无法抵抗波浪的破坏力，抗浪性较差。

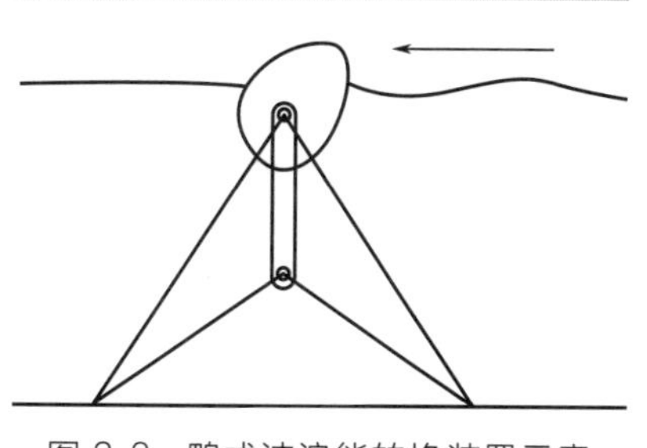

图 3-8 鸭式波浪能转换装置示意

点头鸭式波浪能发电装置的外形是依照波浪力的大小在纵深方向上逐渐递减的原理来进行设计的。根据不同的波浪情况，恰当地设计鸭式波浪能发电装置的外形，可实现发电装置能量转化效率的最大化。根据经验，鸭体圆筒部分直径等于波浪波长的 1/8 时，可使能量转化效率达到 80%～90%，在大规模安装使用时，可将一连串的鸭体的回转轴通过一个个挠性接头连接在一起，这样每个鸭体可单独运动，并且结构简单，安全性好，效率高，容易实现大规模布阵发电。

3.4.2 振荡水柱式波浪能发电装置

振荡水柱式波浪能发电装置（OWC）是最早出现的类型之一，如图 3-9 和图 3-10 所示，由于其结构形式，这种类型的波浪能发电装置主要以近岸固定式为主。其主要组成部分为伸入水下的水泥混凝土结构或

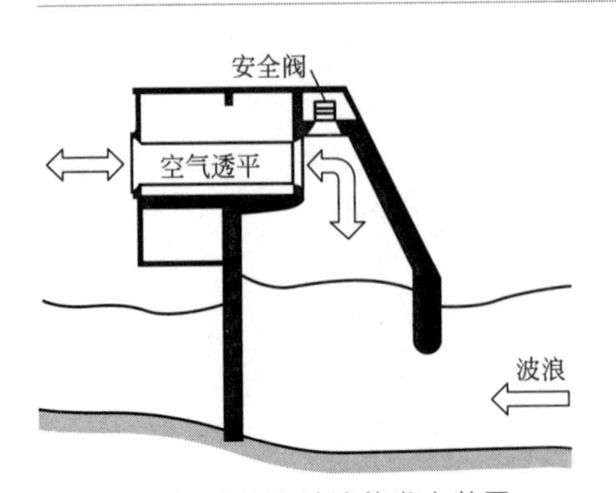

图 3-9 OWC 波浪能发电装置

图 3-10 中国 100kW 振荡水柱式波浪能发电装置

钢结构水室，水室在迎浪面前端开口，水室上部为连通的空气室，空气室出口处安装有空气透平。在波浪作用下，水室中的波面推动上部的空气运动，进而产生驱动空气透平转动的气流。早期的振荡水柱式波浪能发电装置主要为岸基固定式结构，主要建成的有 1985 年挪威、1990 年日本、1990 年印度、1999 年葡萄牙、2000 年苏格兰等。所有的二级能量转换都是采用威尔斯空气透平，水室的横截面积在 $80\sim250m^2$，装机功率在 60～500kW 之间。然而，振荡水柱式波浪能转换装置的经济成本却很高，主要表现在海工建筑物上面，即混凝土水室的建造成本占据了很重要的一部分。于是有的科学家就有了将建造成本和其他海工建筑物相结合的想法，1990 年日本就成功建造了一座将 OWC 和海浪防波堤结合的波浪能电站。这样的好处显而易见：不仅实现了成本共享，而且对波浪能发电装置的安装和维修都带来了方便。随后欧洲的葡萄牙、西班牙和意大利也分别建立了这样的综合波浪能电站。随着研究的发展和深海开发的需要，漂浮式振荡水柱的研究也开始出现。漂浮式波浪能转换装置如图 3-11 和图 3-12 所示。

振荡水柱式波浪能发电装置利用汽轮机原理，由于振荡水柱式装置与波浪隔离开来，避免了波浪对发电系统的冲击与腐蚀作用，拥有较好的可靠性和稳定性，但一般而言，空气透平转换效率较低，因此装置最好建在波浪较大的区域。

如图 3-13 所示，在波峰状态时，气室内的水位上升，空气被压缩，压力上升，当气室内的压力高于外界大气压时，空气在压力作用下从气室口涌出，带动双向透平机旋转，透平机带动发电机转动，产生电能。

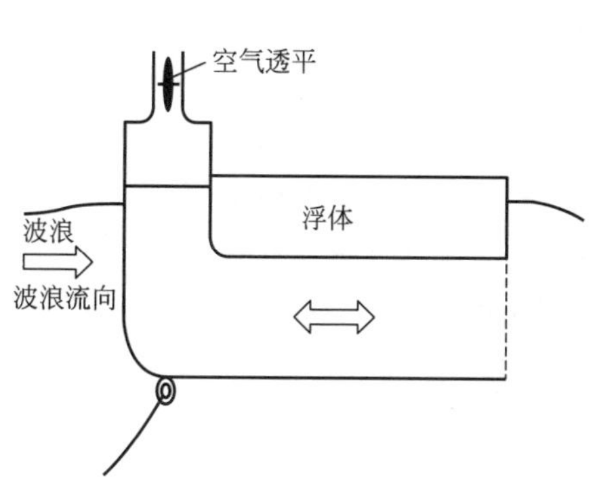

图 3-11 BBDB 波浪能发电装置

图 3-12 Might Whale 波浪能发电装置

如图 3-14 所示，在波谷状态时，气室内的水位下降，气室容积变大，压力下降，当气室内的压力低于外界大气压时，外界空气在压力作用下从气室口涌入，带动透平机旋转，透平机带动发电机转动，产生电能。

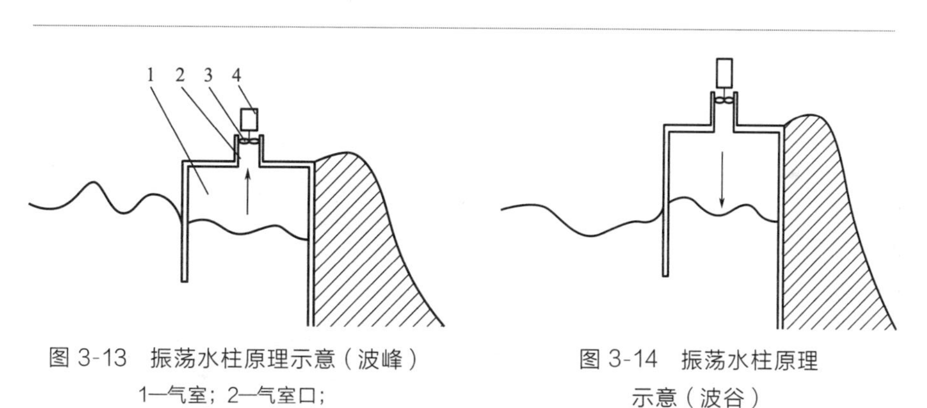

图 3-13 振荡水柱原理示意（波峰）
1—气室；2—气室口；
3—双向透平机；4—发电机

图 3-14 振荡水柱原理示意（波谷）

由于波浪、波峰、波谷变化是非常没有规律的，通过波峰、波谷的作用转换的空气流是一种非常不稳定的振荡气流，因此，振荡水柱式波浪能发电站对控制系统和电能转换系统具有特殊的要求。而且该波浪能发电站的转换效率低，经济性很差，它在国外，特别是欧洲比较普及的原因在于国外海域波浪能密度大，对发电站的可靠性要求高，但是中国海域的波浪能密度普遍较低，没必要追求很高的可靠性，因此，此类波浪能发电站不适合在我国大力推广。

3.4.3 筏式波浪能发电装置

如图 3-15 所示，三个波动筏体将随着波浪上下运动，两两筏体之间的夹角是不断变化的，从而产生相对运动。在筏体和筏体之间安装液压缸，液压缸的缸筒和缸杆分别和两个不同的筏体相连。两阀体角度的相对差值使液压缸的缸杆和缸筒产生相对运动，推动液压缸内的液压油运动，液压油带动液压马达（图中未画出）转动，液压马达带动和它相连的发电机转动，产生电能。

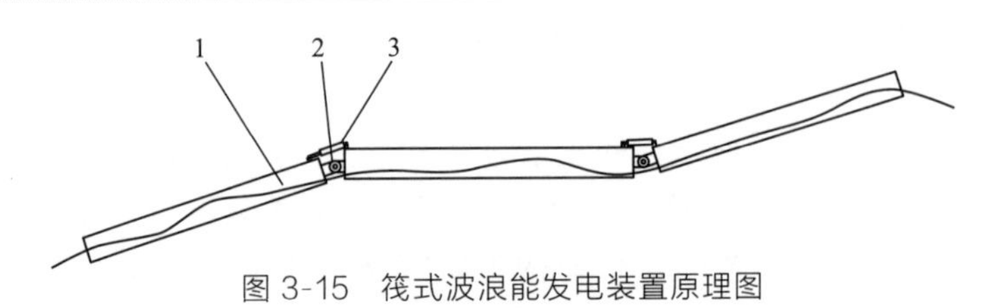

图 3-15 筏式波浪能发电装置原理图

1—波动筏；2—铰接装置；3—液压缸

这种发电装置的效率可达 50%，而且结构简单，制造成本低，安装方便，可适应各种海况，维修方便，可靠性高，能够经受大风大浪的袭击。

1996 年建成的 McCabe Wave Pump（MWP）波浪能发电装置（见图 3-16）由三个钢质矩形浮筒构成，通过横梁铰连在一起，总长度 40m，具有自动朝向来波的功能。该装置可驱动海水淡化系统获得可饮用的纯净水，或驱动发电机发电。

图 3-16 MWP 波浪能发电装置

消耗型筏式波浪能发电装置的优点是具有较好的整体性，抗波浪冲击能力较强，具有较好的能量传递效率，发电稳定性好，但其长度方向顺浪布置，迎波面较小，与垂直于浪向的同等尺度的波浪能装置比，筏式装置吸收波浪能的能力较为逊色，单位价值材料所获取的能量较小，导致实体尺寸过大。

另外，这种装置是靠波浪坡度的变化来工作的，它的问题是波浪的波长必须与浮筒长度匹配（海蛇）（见图3-17）或中间浮体正好位于波峰或波谷上（McCabe Wave Pump）。在波长很长的波浪中，波陡度很小，四个浮筒一起上下运动，就难以利用坡度变化来发电，对于小浪，每个浮筒受力差不多，也不能形成有效的角度变化。在带负载时，由于液压油的不可压缩性，其关节部分会“僵硬”，关节处遇到波谷或波峰形成的角度时，海蛇往往不会弯曲，而是通过翻滚来逃避发电，只能把液压降得低一些，而这又降低了输出功率。还有一个就是应力集中的问题，每个圆筒长达几十米，这样会形成很大的弯矩，就不得不靠增加材料强度来提高抗风抗浪能力，增加成本。

图3-17 海蛇波浪场

2008年9月在葡萄牙里斯本外海5km建设的世界第一座海蛇发电站，经过3年开发之后，运行几个星期就问题不断，目前已经宣布失败。

3.4.4 振荡浮子式（点吸收装置）波浪能发电装置

振荡浮子式波浪能发电装置在欧洲大陆拥有美誉，被称为第三代波浪能发电装置。一般认为，振荡浮子式波浪能发电装置由单个或多个浮体组成，这些浮体漂浮于海面或悬浮于海水中或固定在海底，在波浪作用下浮体与海底或浮体间产生相对的振荡运动，从而转换波浪能。它相对其他的波浪能发电装置优势明显：由于点吸收装置与波浪直接作用摄取能量，转换效率较高，尤其适用于深水区域。振荡浮子式波浪能发电装置多是布置在深水区域，并且是漂浮式结构，故其结构较振荡水柱式复杂。早期的振荡浮子式波浪能发电装置多是单浮体式，即作为一级能量转换载体的浮子和海底或者海底固定物相连接，浮子随海浪的相对运动驱动液压或者气动装置来完成一级能量转换。结构简单，装置造价较低，投放点不受约束，能够适应潮汐现象。但是极端海洋气候下，点吸收装置难以生存，且常常需要锚固系统或浮子式发电船。因此，发展前景好的装置是漂浮式的。

如图 3-18 所示，基座 1 固定在海底，立柱 6 固定在基座上，齿条 5 固定在立柱上，它们都是固定不动的。浮体 2 和发电室 3 连成一体。发电室内有和齿轮 4 相连的发电机。工作时，浮体和发电室连成的整体随着波浪上下运动，从而和固定的立柱产生相对运动，齿轮和齿条也会产生相对运动，这是能量的一次转化，垂直方向的波浪能转化为机械能。齿轮带动发电机转动，动能转化为发电机的电能。这是能量的二次转化，这种装置齿轮齿条的寿命影响了其应用。

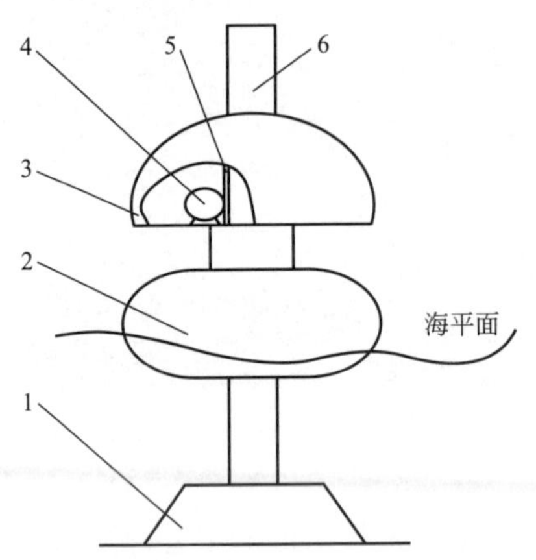

图 3-18 振荡浮子式波浪能发电装置原理

1—基座；2—浮体；3—发电室；4—齿轮（和发电机相连）；5—齿条；6—立柱

日本于 1980 年在东京湾对这种装置进行的实验，其浮子形状为楔形方体（1.8m×1.2m），二级能量介质采用液压转换，并且引用了蓄能器以缓和压力冲击。挪威于 1983 年也对一椭圆形球体的振荡浮子波浪能发电装置进行了实海况实验，并引入了相位控制系统，其二级能量转换采用空气透平结构，如图 3-19 所示。值得注意的是有的振荡浮子式波浪能发电装置的二级能量转换系统直接采用线性永磁电机，这样就节省了中间转换系统，减少了损耗环节，使得发电效率得以提高。

图 3-19 挪威振荡浮子

目前学者 Falnes 研究了多浮体之间的相对运动进行波浪能转换的方式，这种漂浮振荡浮子式装置使得安装施工和维护更加方便，但浮体之间的相位控制更加复杂。瑞典 Interproject Service 公司的 IPS buoy 采用了两浮体相互垂荡运动驱动活塞以压缩海水进行能量转换。其组成包括漂浮于海面的振荡浮子，浮子下端连接一垂向圆管，圆管中间有活塞和液压介质等。其中活塞和浮子刚性连接以形成和圆管外壳的相对运动。瑞典在 20 世纪 80 年代初期对这种装置进行了海上试验测试，如图 3-20 所示。此外还有美国 2007 年在俄勒冈海岸建成的 Aqua Buoy，爱尔兰的 1/4 实海模型 Wavebob 和 2008 年西班牙 40kW 的 Powerbuoy。

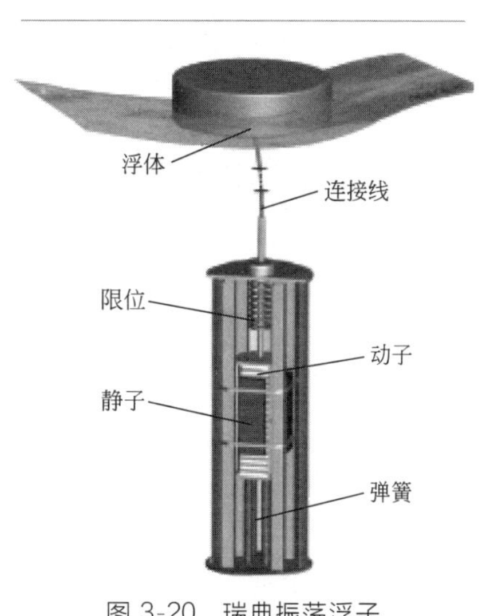

图 3-20 瑞典振荡浮子

3.4.5 摆式波浪能发电装置

摆式波浪能发电装置利用波浪来摇动摆板，将波浪能转换成摆板的机械能，通过液压缸活塞杆等液压部件最终转换为电能。

如图 3-21 所示，波浪冲击摆板围绕摆轴发生前后摆动，将波浪能转换为摆轴的机械动能。与摆轴相连的大多为液压集成装置，它将摆板的动能转换成液压能，进而带动发电机发电。摆式波浪能发电装置是一种固定式、直接与波浪接触的发电装置，摆体的运动很符合波浪低频率、大推力的特点。因此，摆式波浪能装置的转换效率较高，但机械和液压机构的维护不太方便。其主要代表性应用为英国的 Oyster 摆式波浪能发电装置。

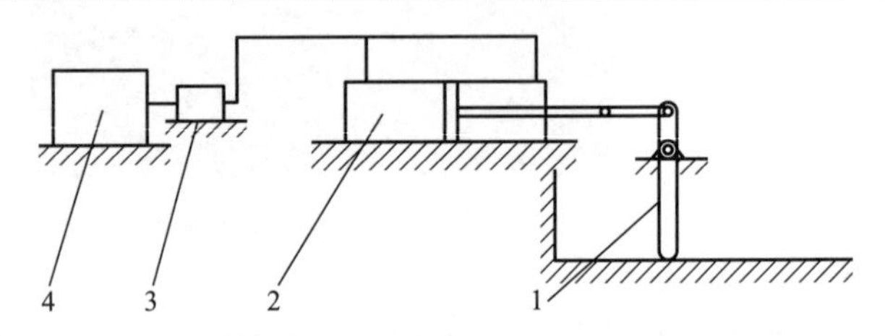

图 3-21 摆式波浪能发电原理

1—摆板；2—液压缸；3—液压马达；4—发电机

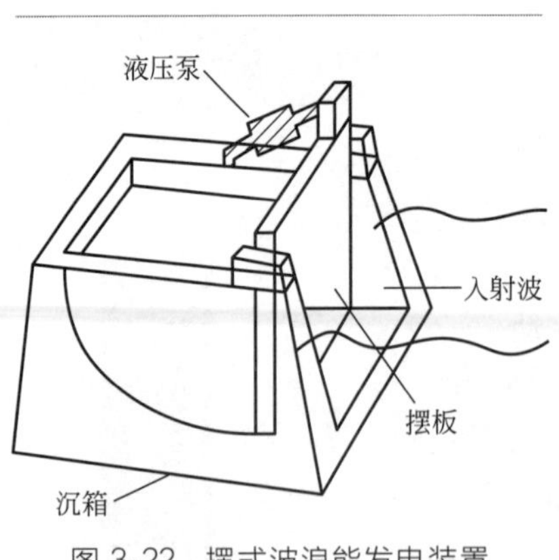

图 3-22 摆式波浪能发电装置

摆式波浪能发电装置通过铰接摆板吸收波浪能，其中摆板的铰接方式有底部铰接式和顶部铰接式，又可分别称为浮力摆和重力摆。摆板一端一般是通过液压装置转换成压力能，进而驱动液压马达，液压马达驱动发电机的模式进行的，如图 3-22 所示。也有一部分装置是转换成气压能或其他机械能的形式。摆式波浪能发电装置作为一级波浪能吸收的概念提出已经很久，可是对其进行模型和海试的研究不是太多，其中早期以日本的研究最多。日本于 1983 年在室兰港建造了一个摆式波浪能发电装置，采用重力摆和岸基固定式结构（见图 3-23）。系统主要包括前端迎浪开口的水室，此水室为人工制造立波而用。在水室立波节点处放置一上端铰支的摆板（Pendulor），此摆板装置重约 2.5t，高 3.5m，宽约 2m。摆板上端连接液压驱动装置和发电装置等。系统测试表明波浪能转换效率可达约 35%。

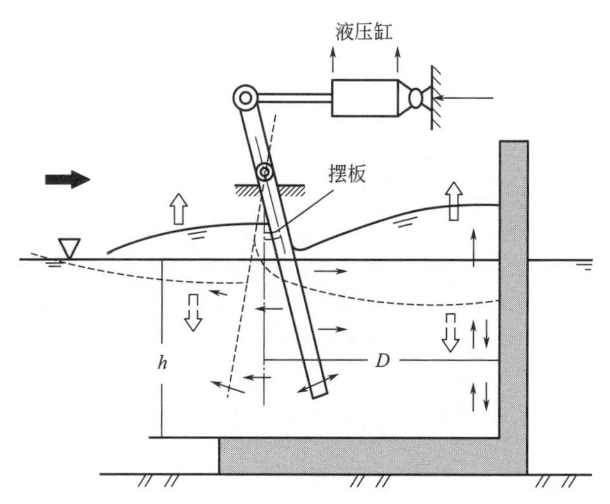

图 3-23　室兰工业大学摆式波浪能发电装置

由葡萄牙 Eneolica 能源公司和芬兰 AW 能源公司合资研发的 WaveRoller 波浪能发电装置也是摆式装置（见图 3-24），和 Oyster 相似，其底部同样铰接海底固定基础，通过吸收波浪的动能来完成能量的吸收转换。所不同的是 WaveRoller 采用的液压传动，通过海底电缆输送电能至岸上，即二级能量转换不同。同时，WaveRoller 的阵列布置是多个摆式模型共用一个压力管道和发电机，而 Oyster 是单个模型单个管道的方式。

图 3-24　WaveRoller 摆式波浪能发电装置

据报道，一个投资650万欧元，长43m，宽18m，高12m，总重量约600t的WaveRoller发电机已经于2012年8月份在佩尼什巴莱奥海域正式下水，目前已开始运行发电试验。摆式波浪能发电装置在中国的研究起步较晚，目前建成发电的为国家海洋技术中心于1996年在山东即墨市大管岛建成的30kW岸式重力摆式波浪能发电装置，如图3-25所示。

图3-25 山东大管岛重力摆式波浪能发电装置

3.4.6 聚波水库式装置

聚波水库式装置又称为收缩波道式，是利用喇叭形的收缩波道收集大范围的波浪能，通过增加能量密度的方式提高发电效率。波道与海相通的一面开口宽，然后逐渐收缩并通至蓄水库。收缩波道既可以聚能，又可以转能，利用水头的势能冲击水轮发电机组进行发电（见图3-26）。聚波水库装置没有活动部件，可靠性较好，成本低廉，装置工作稳定，但是电站建造对地形有严格的要求，不易推广。

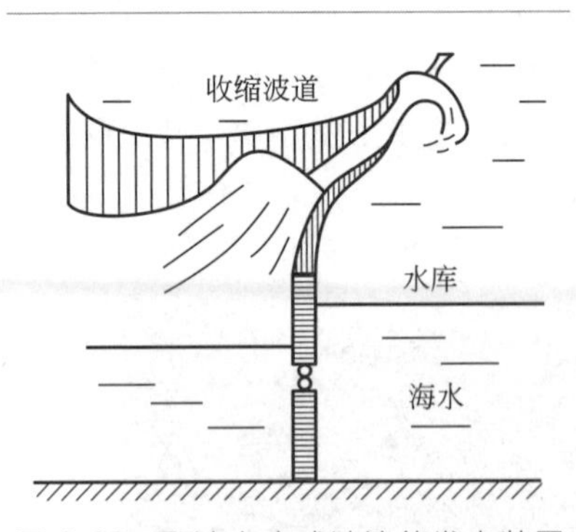

图3-26 聚波水库式波浪能发电装置

其主要代表应用为丹麦浪龙公司（Wave Dragon）研制的越浪式波浪能发电装置——浪龙（Wave Dragon），该装置具有两个导浪墙，呈扇形布置，引导海浪进入装置中心，并通过低水头水轮机发电。2003年20kW型样机（由7台转桨式水轮机组成，

蓄水池容量为 $55m^3$）浪龙（Wave Dragon）试验实现了并网发电，累计运行 20000 多小时。2011 年开始，设计了宽 170m 的 1.5MW 型浪龙，主要采用钢筋混凝土结构，2012 年开始制造。浪龙通过调整开放式气室的气压，不断调整自体的漂浮高度，从而适应不同波高的波浪，以实现最大的波浪能俘获能力，如图 3-27 所示。

图 3-27 浪龙（Wave Dragon）试验装置

最早的聚波围堰型波浪能发电装置是挪威波能公司（Norwave A. S.）于 1986 年建造的一座装机容量为 350kW 的聚波围堰电站（见图 3-28）。其围堰波道开口约 60m 宽，经过呈喇叭形逐渐变窄的楔形导槽，逐渐收缩至高位水库。高位水库与外海间的水头落差达 3.5m。电站于 1986 年建成，一直正常运行到 1991 年。不足之处是，电站对地形要求严格，不易推广。

图 3-28 挪威 350kW 聚波围堰电站

3.5 我国已研发的波浪能发电装置

我国的波浪能发电研究开始于20世纪70年代，80年代以来取得了较快的发展。小型的岸式波浪能发电技术已经列入世界先进水平，航标灯所用的微型波浪能发电装置已经趋于商品化，并在沿海海域的航标和大型灯船上广泛推广应用。与日本共同研制开发的后弯管型浮标发电设备已向国外出口，处于国际领先水平。1990年，中国科学院广州能源研究所在位于珠江口的万山群岛上研制出3kW岸基式的波浪发电站试发电成功；1996年研发成功20kW岸式波浪试验电站和5kW波浪发电船。随后，在广东汕尾研制成功100kW岸式波浪试验电站。“十五”期间中国科学院广州能源研究所在国家“863”以及中科院创新方向性项目的大力支持下，于2005年，在广东的汕尾市完成了世界第一座独立稳定波浪能发电站。2013年2月中国科学院广州能源研究所研发了一台“鹰式一号”漂浮式波浪能发电装置，在珠海市的大万山岛海域进行正式投放，并发电成功。此发电装置有两套不同的能量转化系统，总装机量为20kW，其中液压发电系统和直驱电机系统的装机量各为10kW，两套系统都能成功发电。2013年，哈尔滨工程大学船舶工程学院海洋可再生能源研究所牵头设计的“海能-Ⅰ”号百千瓦级波浪能电站在浙江省岱山县龟山水道成功运行。电站采用该校自主研发的总容量为300kW的双机组波浪能发电装置和漂浮式立轴水轮机波浪能发电技术，发电容量国际最大，是我国首座漂浮式立轴波浪能示范电站。这也标志着我国波浪能发电技术迈向一个新的层次。

总之，虽然我国波浪能发电研究起步较晚，但在未来的几十年内，随着国家海洋能专项资金的支持和重点研发计划的支持，此项研究也将会领先于世界先进水平。

3.5.1 漂浮式液压波浪能发电站

漂浮式液压波浪能发电站是一种振荡浮子式装置，总体方案如图3-29所示，主要由顶盖、主浮筒、浮体、导向柱、发电室、调节舱、底架等部分组成。浮体3在波浪的作用下沿导向柱4做上下运动，并带动液压缸产生高压油，高压油驱动液压马达旋转，带动发电机发电。

底架主要对主浮筒起到水力约束的作用，在波浪经过时，保持主浮筒基本不产生任何运动。而浮体则在波浪的作用下沿导向柱做往复运动。液压缸与主浮筒连接在一起，活塞杆与浮体的龙门架连接在一起，浮体与主浮筒的相对运动转变为活塞杆与液压缸的相对运动，从而输出液压能。发电室用于放置液压和发电系统。调节舱用于调节主体平衡位置，通过向调节舱中注水、沙，可以降低主体的位置，增加被淹没的高度，最终使浮体处于导向柱的中间位置处。由于系统的浮力大于其所受的重力，整体处于漂浮状态，潮涨潮落时，波浪能发电站能够随液面高度的变化而变化。

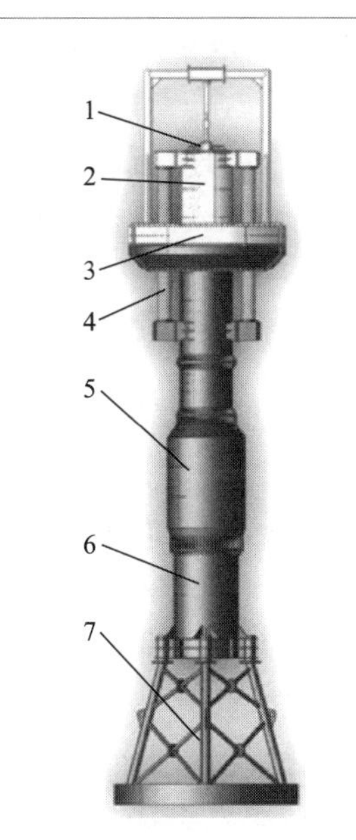

图 3-29 漂浮式液压波浪能发电站总体方案

1—顶盖；2—主浮筒；3—浮体；4—导向柱；5—发电室；6—调节舱；7—底架

各模块的具体功能如下。

① 顶盖与主浮筒连接　顶盖上开有可供液压缸伸出的孔、维修人员进出的人孔和通气孔。为防止海水进入主浮筒，顶盖上的通气孔设置了倒U形弯管，并在头部锥形上开有多个小孔。

② 主浮筒上端与顶盖相连，下端与发电室相连　主浮筒在提供浮力的同时，固定了液压缸和导向装置。在装置正常工作时，主浮筒上端有部分露出水面。

③ 浮体与液压缸的活塞杆连接，液压缸与主浮筒连接　浮体在波浪的作用下沿着导向柱做往复运动，从而将所采集到的波浪能转换为液压能。

④ 导向柱连接在主浮筒上　导向柱保证了浮体的运动轨迹，减少了浮体对主浮筒的磨损和冲击。导向柱采用可以水润滑的减摩材料，减少了浮体运动的阻力，提高了吸收波浪能的效率。

⑤ 发电室上端与主浮筒连接，下端与调节舱连接　发电室用于放置液压系统和发电系统，同时也为装置提供了较大的浮力。

⑥ 调节舱上端与发电室相连，下端与底架相连　调节舱主要用于在实际投放时，调节主浮筒的平衡位置。在初始状态时，调节舱里是常压

空气，在实际投放时，若平衡位置高于预定的位置，则可以通过向调节舱中注水来降低主浮筒露出海面的高度。

⑦ 底架上端与调节舱连接，下端与锚链连接 底架上的平板能够起到水力约束的作用，在波浪经过时，能够减少主浮筒的运动幅度。桁架的作用是降低平板的高度，使得平板所处水域的运动更加平缓。

3.5.2 横轴转子水轮机波浪能发电装置

横轴转子水轮机波浪能发电装置属于聚波水库式装置（见图 3-30），通过设计双击式转子的进出流道，组成一个封闭的水体，装置在入射波浪静压力的作用下，流道内的水体做往返运动，从而推动流道中的转子做单向旋转运动（见图 3-31）。装置的特点是将波浪能采集系统和波浪能转换系统分开，由采集系统实现宽频带波浪能俘获，此环节实现了振幅的最大化。然后，再由波浪能转换环节的相位控制实现波浪能转化的最大化。图 3-32 为转子叶片焊接于两侧轮毂上的安装过程。图 3-33 为扭矩传感器的布置位置，双击式转子与扭矩传感器同轴，并通过同步带带动发电机发电，同步带的转速比为 3.5∶1。图 3-34 为波浪能俘获装置安装于水槽中的总体布置图，图中发电机和速度传感器安装于水面之上，通过同步带与转子轴相连，扭矩传感器与转子同轴，安装于水面之下。

图 3-30 横轴转子水轮机波浪能发电装置模型流道

图 3-31 横轴转子水轮机波浪能发电装置转子模型

图 3-32 转子叶片安装过程

图 3-33 扭矩传感器的布置位置

图 3-34　波浪能捕获装置总体布置图

图 3-35 为横轴转子波浪能发电装置（以下简称“装置”）流道轮廓图，图中 A 为入口流道，B 为横轴转子，C 为出口流道，流道中水体在外部波浪激励下的动态变化过程可以用弹簧来类比。流道中的水体可以类比弹簧的质量，弹簧模型的恢复力为水体所受的重力。水体的动量为水体质量和水体速度的乘积。如图 3-35 所示，采用 10 个断面将水体划分为 9 个水体单元，第 i 个断面、第 $i+1$ 个断面和流道内壁所组成的单元水体为第 i 个单元体，单元体沿水流方向的距离定义为 Δx_i，第 i 个断面的水流速度定义为 v_i，第 i 个断面的过水面积为 A_i，假设水体不可压缩，即密度不变，设第 i 个单元体水体的质量为 m_i，则

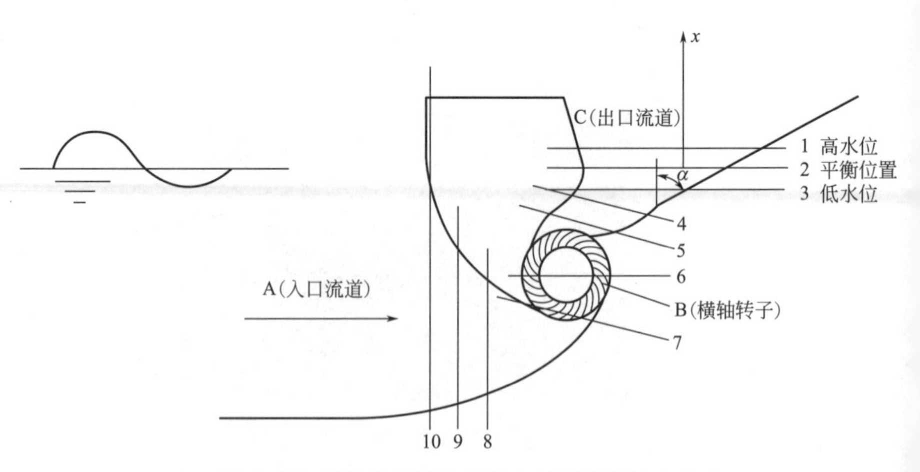

图 3-35　横轴转子波浪能发电装置流道轮廓图

$$m_i=\rho\frac{A_i+A_{i+1}}{2}\Delta x_i \tag{3-1}$$

设第 i 个单元体的速度为

$$v_i=\dot{x}_i$$

则第 i 个单元体的动量为

$$M_i=m_i\frac{v_i+v_{i+1}}{2}=\rho\frac{A_i+A_{i+1}}{2}\Delta x_i\frac{v_i+v_{i+1}}{2} \tag{3-2}$$

由不可压缩流体的连续性方程，可知

$$A_iv_i=A_{i+1}v_{i+1}$$

可以得出

$$A_iv_i=A_1v_1 \tag{3-3}$$

所以，式(3-2) 变为

$$M_i=\frac{\rho\Delta x_i}{4}\left(2+\frac{A_i}{A_{i+1}}+\frac{A_{i+1}}{A_i}\right)A_1v_1 \tag{3-4}$$

水面与平衡位置的距离为 x，后出口面板的倾斜角度设为 α（见图 3-35），装置垂直于纸面的宽度为 B，则断面 1 的面积可近似取为

$$A_1=A_2+B\tan\alpha x \tag{3-5}$$

整个水体的动量由两部分组成，断面和水体的长度不随时间变化的部分

$$\begin{aligned}\sum_{i=2}^{n-1}M_i&=\sum_{i=2}^{n-1}\left[\frac{\rho\Delta x_i}{4}\left(2+\frac{A_i}{A_{i+1}}+\frac{A_{i+1}}{A_i}\right)A_1v_1\right]\\&=A_1v_1\sum_{i=2}^{n-1}\left[\frac{\rho\Delta x_i}{4}\left(2+\frac{A_i}{A_{i+1}}+\frac{A_{i+1}}{A_i}\right)\right]\end{aligned} \tag{3-6}$$

令 $L=\sum_{i=2}^{n-1}\left[\frac{\Delta x_i}{4}\left(2+\frac{A_i}{A_{i+1}}+\frac{A_{i+1}}{A_i}\right)\right]$，流道形状固定后，$L$ 是一个常数。

因为$\frac{A_i}{A_{i+1}}+\frac{A_{i+1}}{A_i}\geqslant 2$，所以 $L\geqslant\sum_{i=2}^{n-1}\Delta x_i$，$L$ 值比流道断面 $A_i=\text{const}$ 的情况要大。

式(3-6) 变为

$$\sum_{i=2}^{n-1}M_i=\rho LA_1v_1=\rho LA_1\dot{x} \tag{3-7}$$

式中，$v_1=\dot{x}$。将式(3-5) 代入式(3-7)，得

$$\sum_{i=2}^{n-1}M_i=\rho LA_1v_1=\rho L(A_2+B\tan\alpha x)\dot{x}=\rho LA_2\dot{x}+\rho LB\tan\alpha x\dot{x} \tag{3-8}$$

断面和水体的纵向长度随时间变化的部分为

$$M_1=\frac{\rho x}{4}\left(2+\frac{A_1}{A_2}+\frac{A_2}{A_1}\right)A_1 v_1$$

整理，得

$$M_1=\frac{\rho x}{4}\left(2A_1+\frac{A_1^2}{A_2}+A_2\right)v_1=\frac{\rho}{2}A_1 x\dot{x}+\frac{\rho}{4}\times\frac{A_1^2}{A_2}x\dot{x}+\frac{\rho}{4}A_2 x\dot{x} \tag{3-9}$$

将式(3-5) 代入式(3-9)，得

$$\begin{aligned}M_1&=\frac{\rho}{2}(A_2+B\tan\alpha x)x\dot{x}+\frac{\rho}{4}\times\frac{(A_2+B\tan\alpha x)^2}{A_2}x\dot{x}+\frac{\rho}{4}A_2 x\dot{x}\\&=\rho A_2 x\dot{x}+\rho B\tan\alpha x^2\dot{x}+\frac{\rho}{4}\times\frac{B^2}{A_2}\tan^2\alpha x^3\dot{x}\end{aligned} \tag{3-10}$$

式(3-8) 和式(3-10) 合并，得

$$M=\sum_{i=1}^{n-1}M_i=\rho LA_2\dot{x}+(\rho LB\tan\alpha+\rho A_2)x\dot{x}+\rho B\tan\alpha x^2\dot{x}+\frac{\rho}{4}\times\frac{B^2}{A_2}\tan^2\alpha x^3\dot{x} \tag{3-11}$$

令

$$C_0=LA_2 \tag{3-12a}$$

$$C_1=LB\tan\alpha+A_2 \tag{3-12b}$$

$$C_2=B\tan\alpha \tag{3-12c}$$

$$C_3=\frac{1}{4}\times\frac{B^2}{A_2}\tan^2\alpha \tag{3-12d}$$

式(3-11) 可以写为

$$M=\sum_{i=1}^{n-1}M_i=\rho\dot{x}\sum_{i=1}^{4}C_{i-1}x^{i-1} \tag{3-13}$$

式(3-13) 对时间求导，得

$$\dot{M}=\rho\ddot{x}\sum_{i=1}^{4}C_{i-1}x^{i-1}+\rho\dot{x}^2\sum_{i=2}^{4}(i-1)C_{i-1}x^{i-2} \tag{3-14}$$

根据牛顿第二定律，不考虑水体的黏性损失，水体动量随时间的变化等于回复力，等于整个水体作用在平衡位置的重力差，即

$$F_g=-\rho g\,\frac{A_1+A_2}{2}x \tag{3-15}$$

动量方程为 $\dot{M}=F_g$，即

$$\ddot{x}\sum_{i=1}^{4}C_{i-1}x^{i-1}+\dot{x}^{2}\sum_{i=2}^{4}(i-1)C_{i-1}x^{i-2}+gA_{2}x+g\frac{B}{2}\tan\alpha x^{2}=0 \tag{3-16}$$

式(3-16) 是将流体当作理想流体的情况。

与机械振荡系统对比

$$m\ddot{x}+Sx=0 \tag{3-17}$$

其中，$m=\sum_{i=1}^{4}C_{i-1}x^{i-1}$，$S=gA_{2}$。

当 x 取某一个固定值时，不考虑非线性的影响，式(3-17) 可以写为

$$\ddot{x}\sum_{i=1}^{4}C_{i-1}x^{i-1}+gA_{2}x=0 \tag{3-18}$$

水体振荡的自然主频率为

$$\omega_{0}=\sqrt{\frac{gA_{2}}{\sum_{i=1}^{4}C_{i-1}x^{i-1}}} \tag{3-19}$$

从式(3-19) 可以看出，ω_{0} 的值与 x 和系数 C_{i} 有关，而从式(3-12) 可以知道，系数 C_{i} 的式子中只有 α 是可以变化的，而其他量都是不变的。所以，ω_{0} 是 x 和 α 的函数，即

$$\omega_{0}=f(x,\alpha) \tag{3-20}$$

设计波浪能捕获系统的目标是尽量增大流道内的水位振幅 x，所以 x 是设计的目标值，是控制输出量。所以，在 A_{2}、L、B 已经固定的情况下，只有 α 是可以改变的量，是输入设计变量。

第4章

波浪能分布及发电装置选址

4.1 全球波浪能分布

4.1.1 全球海洋的波浪特征

风浪的分布因地而异。南半球和北半球40°～60°纬度间的风力最强，风大的海区波浪也大。随着季节的变化，风浪也有相应的季节变化。太平洋、大西洋和印度洋由于具体条件不同，风浪分布也有较大差异。

总体而言，太平洋夏季风浪小、冬季风浪大，中、高纬度海区的大浪频率比低纬度海区大。太平洋地区平均有效波高空间分布呈现出显著的南强北弱、中间低的马鞍形分布特征。具体来讲，在40°S以南的区域，平均有效波高大于3.2m，最大值达到4.2m；40°N以北的区域，平均有效波高小于3.2m；赤道附近的平均有效波高最小，都小于2.2m。

南、北太平洋的有效波高的差异是由于南北半球海陆分布差异和南北太平洋风速分布不同造成的。相对北半球而言，南半球，尤其是整个南大洋常年维持高风速且变化幅度较小，一般在3.0m/s以下。在南半球40°～60°S之间几乎全为辽阔的海洋，终年维持大风、大浪的高海况，而地处同纬度的北半球却多为陆地阻隔。

在太平洋北部，夏季风浪较少，尤其在菲律宾群岛和苏拉威西海之间的海域，大浪出现频率低于5%。北部大风浪的频率在10%以上，阿留申群岛附近可达20%。从秋季开始，风浪逐渐增大，到次年2月达到最大，特别是北部海域，冬季以强风著称，大风可影响到中、低位地区，大浪区往南可扩展到30°N附近。在日本以东的太平洋西北部洋面上，经常有大浪出现，频率在40%以上。在南太平洋西北部地区，南部波高大而北部波高小。最大值出现在该地区东南部28°S、165°W附近，达2.8m；最小值出现在15°～20°S，仅1.4m。在主要的岛群之间，海浪从南部向北部逐渐扩散。

大西洋上的风系与太平洋基本相同，所以大西洋的风浪分布与太平洋相似。夏季，加拿大纽芬兰浅滩以北的大浪频率为10%～20%，以南海域很少有大浪出现。冬季，北大西洋经常有风暴和大浪出现，次数比同期的太平洋北部更为频繁，格陵兰、纽芬兰以及北欧近海，大浪频率可达50%～60%。大西洋欧洲近海和沿岸（英国、爱尔兰、法国、西班牙、葡萄牙和摩洛哥），是全球海洋波浪最大的地区之一。

印度洋上的风系与太平洋和大西洋不同，所以印度洋的风浪状况与太平洋、大西洋的风浪状况差异较大。在印度洋北部，7～8月份是西南季风最盛行，常有狂风暴雨和巨浪出现。在阿拉伯海，季风的平均速度可达16m/s，大浪频率高达74%，是世界大洋中大浪频率最高的海区。秋季，由于东南季风逐渐减弱，并转换成东北季风，直到冬季，海面都比较平静。印度洋南部，夏季大浪的出现频率比冬季多，这也是与太平洋和大西洋不同的地方。

各大洋的风速及有效波高的年变化如表4-1和表4-2所示。

表4-1 世界大洋季平均海面风速的年变化

海区	北太平洋	南太平洋	北大西洋	南大西洋	北印度洋	南印度洋
最大值/(m/s) (出现季节)	13.4 (冬)	14.0 (夏)	14.3 (夏)	13.0 (夏)	13.3 (夏)	14.2 (夏)
最大值/(m/s) (出现季节)	8.9 (夏)	11.2 (冬)	9.1 (夏)	11.1 (冬)	4.8 (春)	12.4 (冬)
变化幅度/(m/s) (百分比/%)	4.5(33.6)	2.8(20.0)	5.2(36.4)	1.9(14.6)	8.5(63.9)	1.8(12.7)

表4-2 世界大洋季平均有效波高的年变化

海区	北太平洋	南太平洋	北大西洋	南大西洋	北印度洋	南印度洋
最大值/(m/s) (出现季节)	5.1 (冬)	4.8 (夏)	6.5 (夏)	4.5 (夏)	3.8 (夏)	6.1 (夏)
最大值/(m/s) (出现季节)	2.5 (夏)	4.1 (冬)	2.6 (夏)	3.7 (冬)	1.6 (冬)	4.2 (冬)
变化幅度/(m/s) (百分比/%)	2.6(51.0)	0.7(14.6)	3.9(60.0)	0.8(17.8)	2.2(57.9)	1.9(31.1)

4.1.2 全球海洋的波浪能资源储量

早在20世纪70年代，人们就已利用有限的大洋船舶报资料和浮标资料，计算和评估全球海洋沿岸波浪能资源的分布。根据可再生能源中心（Centre for Renewable Energy Sources，CRES）收集到的全球海浪观测资料可知，全球波浪能流密度的大值区（≥30kW/m）主要集中在北大西洋东北部海域、太平洋东北部北美西海岸、澳大利亚南部沿岸及南美洲智利和南非的西部沿岸。但是波浪观测获取的资料较少，无法实现大范围海域、精细化的波浪能资源评估，也不能很好地为宏观选址提供指导。

计算出全球海洋的波浪能资源储量，可为波浪能资源开发提供定量的科学依据。全球海洋波浪能理论功率的计算结果差别较大，相差高达五个数量级。原因是各国不同学者计算的对象不同，有全球海洋波浪能总储量、总功率、可再生功率等几种。现计算全球海域单位面积的波浪能储量，其具体计算方法如下：

波浪能资源总储量＝年平均波浪能流密度×全年小时数。其中，全年小时数 365×24＝8760h。

全球海域蕴藏着丰富的波浪能资源，其储量相当可观。总储量的高值区位于南北半球西风带海域，南半球西风带海域波浪能资源的总储量基本都在 50×10^4kW/(h・m) 左右，北半球西风带海域基本在 $(30\sim50)\times10^4$kW/(h・m)，其中低纬海域在 $(5\sim30)\times10^4$kW/(h・m)，仅部分零星海域的波浪能总储量在 5×10^4kW/(h・m) 以下。

4.2 我国沿海波浪能分布

4.2.1 我国沿海气候

我国海域辽阔，南北纵跨热带、亚热带和温带三个大气候带。海岸带气温地理分布的总趋势是南高北低。年平均气温分布为：渤海、黄海沿岸为 9～15℃，东海沿岸为 15～20℃，南海沿岸为 20～25℃，南北温差约 15℃。降水量的分布是北少南多。年平均降水量大致以苏北至黄河口为界，其北小于 1000mm，其南大于 1000mm。降水主要集中在夏季，渤海、黄海沿岸降水量为全年的 50%～70%，东海和黄海沿岸 4～9 月份的降水量分别占全年的 70%和 80%。

中国海岸带位于亚洲东南季风气候带，沿岸平均风速既因地而异，又随季节变化。风速等值线分布明显地呈沿海岸线走向的趋势，风速从海洋向内陆递减。一般而言，年平均风速以东海沿岸最大，南海沿岸最小。平均风速的季节变化是：冬季最大，秋季次之，夏季最小。最大风速以渤海东部近岸岛屿和海峡地区、黄河北部沿岸和山东半岛东端等岸段最大，多年最大风速均可达 40m/s。

中国沿岸每年都有台风、寒潮、温带气旋等灾害性天气发生。台风来袭时，常伴有狂风、暴雨、巨浪和高潮、洪涝等灾害。寒潮过境则引起剧烈降温、霜冻和大风等天气。其中，台风灾害对海洋资源开发工程的影响最为重要。此外，在渤海和北黄海的部分水域，冬季由于气温降低以及寒潮作用，海水会出现不同程度的结冰。冬季沿岸海水结冰不利于海洋资源开发，降低了开发利用的价值。

4.2.2 波浪能分布

(1) 我国沿海波浪能资源区域

我国海岸线长，沿海大小岛屿有5000多个，不少沿海海区风浪很发达，波浪能的能级很高。以年平均波高为指标，对我国沿海波浪能资源区域进行划分，如表4-3所示。

表4-3 中国沿海波浪能资源区划分（$H_{1/10}$ 为1/10大波波高，单位：m）

分区 省区	一类区 $H_{1/10} \geqslant 0.4$	二类区 $0.7 \leqslant H_{1/10} < 1.4$	三类区 $0.4 \leqslant H_{1/10} < 0.7$	四类区 $H_{1/10} < 0.4$	波功率/MW
辽宁			大鹿岛、止锚湾、老虎滩区段	小长山、鲅鱼圈区段	255.07
河北			秦皇岛、塘沽区段		143.64
山东		北隍城*、千里岩区段*	龙口、小麦岛、石臼所区段	成山头、石岛区段	1609.78
江苏			连云港(东西连岛)附近	吕泗区段	291.25
上海市		佘山、引水船区段*			164.83
浙江	大陈区段	嵊山*、南麂区段*			2053.40
福建	台山、北礵*、海坛区段	流会、崇武、平海、围头区段	东山区段		1659.67
台湾	周围各段				4291.29
广东	遮浪区段	云澳*、表角*、荷包、博贺、硇洲区段	下川岛(南澳湾)附近、雷州半岛西岸		1739.50
广西			涠洲、白龙尾区段	北海区段	72.02
海南	西沙(永兴岛)附近*	铜鼓咀、莺歌海*、东方区段	玉包、榆林区段		562.77
全国					12843.22

注：* 为开发条件较好的区段。

对表4-3分析可知，东海沿岸全部为一、二类资源区，南海的广东省东西部沿岸，海南省海南岛西部、东北部沿岸为二类资源区，黄海、渤海的渤海海峡和千里岩沿岸为二类资源区，其他地区为三、四类资源区。另外需指出的是，台湾省因缺少沿岸的波浪资料，其波浪能理论平均功率是利用台湾岛周围海域的船舶报波浪资料，折算为岸边数值后计算而得，未经岸边实测资料检验。因此，以上结果只能作为其估值而参考。

(2) 我国沿岸的波浪能流密度

全国沿岸的波浪能流密度（波浪在单位的时间通过单波峰的能量，单位为kW/m）分布很不均匀，以浙江中部、台湾和福建海坛岛以北、渤海海峡为最高，达5.11～7.73kW/m，这些海区是我国沿岸波浪能能流密度较高、资源蕴藏量最丰富的海域。其次是西沙4.05kW/m，浙江南部和北部2.76～2.82kW/m，福建南部2.25～2.48kW/m，山东半岛南岸2.23kW/m。其他地区波浪能能流密度较低，均在1.50kW/m以下，资源蕴藏量较少。此外，深海波能储量明显大于近海及近岸海域，但深海波能利用难度较大。总体上，我国沿岸的波浪能能流密度在世界上属中下等。

中国沿岸各地波浪能资源分布见图4-1。

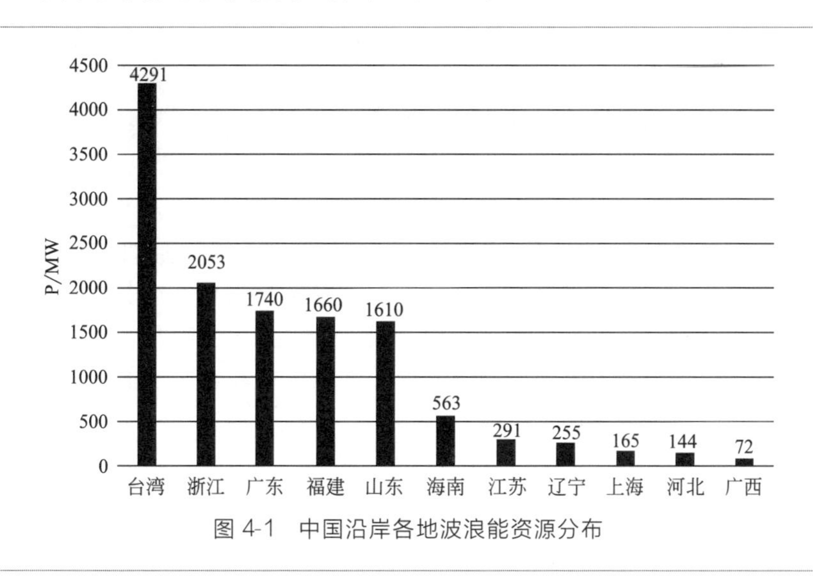

图4-1 中国沿岸各地波浪能资源分布

综上所述，我国沿岸波浪能资源分布和变化的一般特征。

① 地理分布总趋势，东海沿岸为北部大南部小；南海沿岸东部大西部小，南海诸岛北部大南部小。全国沿岸以福建北部和浙江沿岸最大，

其次是南海诸岛北部岛屿和渤海海峡及山东半岛南部沿岸岛屿。

② 各地区岛屿附近的波浪能一般比大陆沿岸大。

③ 全国沿岸的波浪能功率，一般有明显的季节变化，秋冬季偏大，春夏季偏小。岛屿附近的这种季节变化更为显著，大陆沿岸的变化较小。

4.3 波浪能发电装置选址

4.3.1 选址特点

波浪能发电装置的高效运行不仅取决于装置自身的能量转换效率，而且敏感地依赖于选址。海上选址作为开发新型波浪能发电装置的必经阶段和重要环节，越来越受到人们的重视。波浪能发电基本上无污染，用它取代碳水化合物燃料将有益于环境。

如果在某一段沿海大规模发展波浪能发电站，提取的能量则会过多，从而影响到沉积物和海床底沙的转移。此外，海水的混合、层化和浊度等也可能会受到影响。另外，不合理的选址还会影响到海域景观。

显然，波浪能发电装置的海上选址涉及利益相关者多，牵扯到的各因素之间的关系较为复杂，而且直接影响装置运行的效率和安全，因此科学合理的选择波浪能发电装置的投放地点具有重要意义。理想的波浪能发电装置选址应具备以下条件。

(1) 海况条件：平均波高大，离散程度小

波浪能密度与波高的平方成正比，而发电装置单位装机容量的尺寸和造价与波高的平方成反比，所以，平均波高大是波浪能发电站的首选条件。此外，还要注意到波高分布的离散程度，以及波高极值。离散程度越小，波浪能转换率越高，越有利于发电。但是，在风暴期间波浪能发电装置必须关闭，避免灾害性天气的破坏，而极值波高却是决定发电装置投资成本的重要因素。

(2) 海域条件：海域开阔，周围无岛礁遮挡

为使发电装置能够吸收来自各个方向的波浪能量，波浪能发电站应该选址在海域开阔，周围无岛礁遮挡的地方。此外，选址最好为海洋开发的非热点区域，交通航运、渔业捕捞等活动相对较少。

(3) 良好的社会经济条件

波浪能发电站选址附近或腹地应有相应的电力需求和相关的配套设

施，便于装置的安装施工及运行。如附近居民的生活生产、海洋开发或者科学实验以及国防建设等对电力的需求，便于接入电网系统。同时，拥有一定的交通条件，有较好的经济社会发展潜力等。

（4）良好的生态环境

在开发波浪能的同时，要注意保护当地的生态环境系统，尽量减少对生物资源的危害。在能量密度大的环境中建造波浪能发电站是可取的。因为波浪能发电站提取了一些能量，从而使当地的海洋环境更适合各种生物种群生存。此外，要符合海域使用管理条例和国家环保政策等要求。

以上因素只是实际的海址选择所考虑的部分必要因素，由于海上选址的复杂性，及其在各方面存在着不可知因素，使得发电装置的海上选址具有一定的难度。此外，对于不同类型的装置，如工作水深、设计工艺和施工条件等的不同，海上选址所考虑的主要影响因素也会有所不同。

4.3.2 选址实例

本研究选取的工程实例为一种新型振荡浮子式波浪能发电装置，单机设计发电功率为16kW，装置主体结构为边长为6m的正方体钢框架，见图4-2。

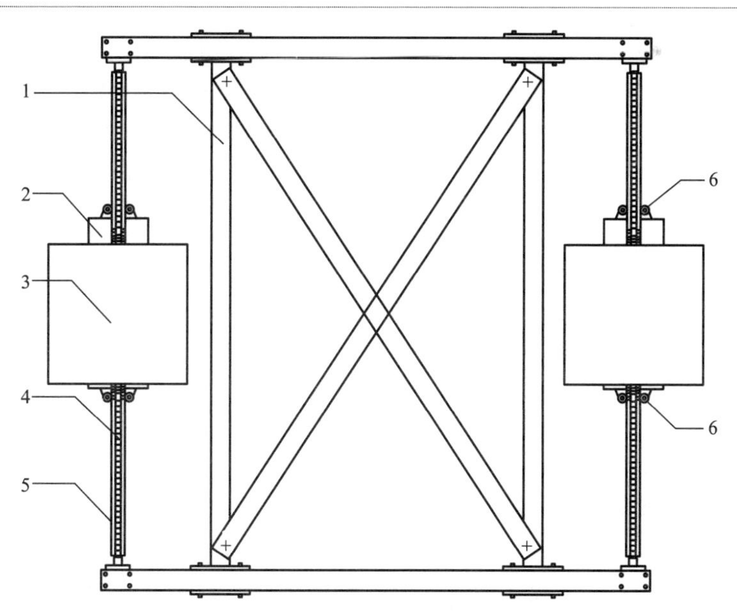

图4-2 16kW新型振荡浮子式波浪能发电装置主体结构

1—立柱；2—发电机；3—发电浮筒；4—齿条；5—齿条立杆；6—导向滑轮

装置工作时，需沿框架底部横梁安装浮力块，以产生大于结构自重的浮力，同时通过张紧系泊缆绳，使缆绳张力与剩余浮力平衡。缆绳时刻处于受拉的绷紧状态，从而能有效地控制主体框架在垂直方向的运动。发电浮筒随波浪起伏以获取波浪能，由于较大的张力使得主体框架不随波浪起伏，从而使发电浮筒能够沿齿条立杆上下振荡，带动发电机齿轮沿齿条运动而产生转动，达到良好的发电效果。根据潮位的变化，通过安装在结构上的潮位监测装置自动控制卷扬机收放系泊缆绳，以适应不同的水深条件。

本装置设计的正常工作波高为1～3m，波周期为3～8s，水深为10～20m。本装置拟投放于青岛周边海域，满足设计要求的选址方案有3个，分别为：崂山区石老人海域、即墨区柴岛村海域和即墨区女岛海域。

方案1：崂山区石老人海域，具体地理坐标为北纬36°05′20″，东经120°29′20″。此地点位于浮山湾最东端，波浪资源较好；北临香港东路，交通便利；附近有几处渔港，有合适的组装施工平台和下水条件；渔港船舶同时可以满足装置的水上浮运需要；装置工作地点离居民区较远，但是靠近旅游景点石老人，会对正常旅游观光产生一定影响。

方案2：即墨区柴岛村海域，具体地理坐标为北纬36°19′58″，东经120°43′52″。此地点位于柴岛东侧的U形湾口处，波浪资源很好；由于位置偏僻，交通条件一般；靠近鳌山港和几处渔港，有合适的组装施工平台和下水条件；有良好的水上浮运条件；装置工作地点离居民区较远，周围有海参、鲍鱼养殖池，会对养殖作业产生一定影响。

方案3：即墨区女岛海域，具体地理坐标为北纬36°22′20″，东经120°51′42″。此地点位于女岛东侧，女岛港西南处，波浪资源良好；靠近S603省道，交通便利；有良好的组装施工平台和下水条件；有优越的水上浮运条件；装置工作地点紧邻女岛港入口，会对港口作业和船舶航行产生一定影响。

对上述三种方案进行分析对比，为了保障波浪能发电装置的正常运行，达到最佳的发电效果，确定各种不同的因素对其的影响，最后选择的最优方案为方案2：即墨区柴岛村海域。

根据海上选址的分析结果，2010年7～8月期间在即墨区柴岛村海域对上述波浪能发电装置进行了海上现场试验。海上试验进行顺利，装置运行良好，达到了预期的试验目的。试验结果验证了海上选址分析结果的正确性，有效地解决了波浪能发电装置海上选址的实际问题。

4.4 装置可靠性设计及防护

4.4.1 可靠性设计

与陆地相比，海洋环境具有其本身的特点。海洋是一个复杂的环境体系，海水不仅含盐量高、压力大，携带泥沙的海水还具有强烈的冲刷作用，并且生物成分复杂。海水是天然的电解质溶液，处于海水中的金属机械容易产生诸如电偶腐蚀、缝隙腐蚀、海水冲刷等导致机械结构和元件等破坏的现象。

在海洋环境腐蚀及环境载荷（主要是风、浪、流）作用下，海洋平台结构可能产生多种破坏形式，包括极限强度破坏，即在外载荷应力达到或超过其最大承载能力（由于腐蚀原因，导致平台净截面削弱，从而使得其最大承载能力降低）的破坏；失稳破坏，指平台所受到的最大压应力达到或超过许用的失稳压缩应力的破坏；脆性破坏，指含裂纹的平台结构裂纹尖端应力强度因子达到了材料的断裂韧性，从而导致静载下的裂纹失稳扩展断裂；腐蚀疲劳断裂破坏，指在海洋环境腐蚀及交变载荷作用一定循环次数后，含裂纹平台结构的裂纹突然失稳扩展断裂。

可靠性是系统工程中具有综合性的一类问题，是与产品质量和性能有关的重要属性。可靠性具体来说是指产品的质量或性能具有的某种必要的稳定性，该稳定性能够确保产品在规定的使用条件和任务时间内来完成规定任务和功能的能力，使其达到设计指标和设计要求。海洋工程装备可靠性主要表现为结构可靠性，为提高液压波浪能发电站在海洋环境下工作的可靠性，需对液压波浪能发电站进行海洋环境的适应性设计。

4.4.2 防护方法

（1）海水腐蚀

海洋工程结构服役期长，一般均超过 20 年，在服役期间基本不考虑二次维护，所处海洋腐蚀环境更为苛刻。海水环境腐蚀条件苛刻，钢结构表面在下水安装后将自然地呈现腐蚀倾向，海洋环境特别是深水环境下结构的可维护性较差。因此，海洋工程全寿命期的安全性和可靠性对防腐系统的设计水平提出了越来越严格的要求。

防腐涂层是最为经济、最为有效，也是应用最为普遍的腐蚀防护手段。防腐涂层在海洋工程中的应用广泛，发展历程悠久。为解决海水腐蚀的问题，需选用耐海水腐蚀的合金材料。在防腐涂层设计时，需要考虑相关规范的要求，根据结构所处腐蚀环境及介质条件选取涂料。实际工程中，海洋腐蚀环境主要分为海洋大气区、浪花飞溅区、海水全浸区及海泥埋覆区，其中浪花飞溅区由于海浪拍击作用加剧材料破坏，是腐蚀最严重的区域。影响海水腐蚀的主要因素包括：溶解氧含量、盐度、温度、pH 值等。涂层的防腐作用一方面利用涂料的水密性阻止海水接触金属表面，另一方面利用涂料本身的缓蚀作用，使金属保持在非活性状态。

阴极保护系统通过电化学手段，由阳极向结构表面提供充分的保护电流，使结构表面上的电位充分负移，以达到防腐的目的。对海洋液压开发机械的重要部件和零件，需选用电位不敏感的金属。此外，在实际项目中，将在所有金属部件的适当位置配置牺牲阳极（锌）。

针对海洋工程结构的腐蚀问题，普遍采用防腐涂层结合阴极保护的复合防腐技术。防腐涂层配套体系的设计通常根据结构所处的腐蚀环境、介质条件、施工要求，基于设计人员经验，从防腐性能、施工要求以及经济性能角度考虑，选取合理恰当的涂料种类及涂层体系。

（2）生物附着

海洋生物在人造构件上的附着及其在构件上的大量繁殖会严重影响构件功能的正常发挥，如在舰船和潜艇表面的附着不仅造成表面腐蚀，还会增加航行阻力，降低航速，增大能耗；海洋生物附着在发电站上，会侵蚀发电站主体金属；在海洋平台上的附着会侵蚀钢桩等。因此，需采取措施防止海洋生物附着在发电站上。为避免污染海洋环境，可采用物理方法或者化学方法解决生物附着问题。

在物理防污的方法中，目前最先进的是低表面能涂料防污法。这种防污涂料的主要材料有氟聚合物和硅树脂材料两种。利用这类材料的表面自由能低、污损生物难以附着的特性，可达到防污的目的。这种防污涂料的最大优点是其环保无毒，不含生物杀生剂，代表了新型防污技术的发展方向。低表面能涂料在船舶上已有超过 60 个月的运行纪录。

与物理法相比，化学方法有效可靠，但是容易破坏环境，杀害生物，且有害物质的富集会危害人类的健康。对于尺寸较大的海洋生物附着来说，涂层保护十分有效，但当涂层剥落或受损则效果下降。化学法包括毒品渗出法、生物法和电化学法。

（3）海洋环境防护

在海洋环境下工作的海洋装备还需要应对特殊复杂环境的挑战，波浪能发电装置需要防护的主要是台风和雷击。

① 抗台风　遇上台风，装置潜浮舱的注水系统自动向舱内注水，令其潜入水下，从而使发电站避免遭受台风的破坏。台风过后，排水系统自动将舱内的水排出，令其上浮复位，继续发电。

② 防雷击　各种海洋装备在多雷电活动地区，特别是气流活动频繁的海岛及沿岸地区极易遭雷击，雷电事故会造成严重的社会经济损失。因此，海洋环境下防雷工作是十分必要的。海洋平台防雷是系统工程，应综合采取外部防雷和内部防雷措施，同时与陆地常规做法有所不同。

a. 直击雷的防护。直击雷防护主要采取避雷针、带、线，可采取提前放电式避雷针，它是一种具有连锁反应装置的主动型避雷系统，在传统避雷针的基础上增加了一个主动触发系统，提前于普通避雷针产生上行迎面先导来吸引雷电，从而增大避雷针保护范围，可比普通避雷针降低安装高度。采用提前放电式避雷针，能大量减少避雷针的数量，降低避雷针的安装高度。因此，对直击雷的防护措施是在发电站的顶端安装响应快、保护范围大、无需维护的专用避雷针。

b. 侧击雷的防护。在海面以上每隔 5m 用扁钢在发电站主体周围焊接一周。

c. 信号防雷。在信号反馈线上安装信号过电压保护器。

d. 接地极。接地装置的作用是把雷电流从接闪器尽快地散泄到大地中，接地系统的好坏直接影响到整个防雷系统的运行质量。

第5章 波浪能能量转换系统

5.1 波浪能能量转换系统分类

目前已经研究开发了多种波浪能转换技术，实现波浪能转换。根据国际上最新的分类方式，波浪能能量转换技术分为振荡水柱技术、振荡浮子技术和越浪技术三种。

5.1.1 振荡水柱技术

振荡水柱技术是利用一个水下开口的气室吸收波浪能的技术。波浪驱动气室内水柱往复运动，再通过水柱驱动气室内的空气，进而由空气驱动叶轮，得到旋转机械能，或进一步驱动发电装置，得到电能（见图 5-1）。其优点是转换装置不与海水接触，可靠性较高；工作于水面，便于研究，容易实施；缺点是效率低。

图 5-1 振荡水柱式波能转换装置示意

目前已建成的振荡水柱装置有挪威的 500kW 离岸式装置、英国的 500kW 离岸式装置 LIMPET、澳大利亚的 500kW 离岸式装置 UisceBeatha（见图 5-2）、中国的 100kW 离岸式装置、日本和中国的航标灯用 10W 发电装置等。其中日本和中国的航标灯用 10W 发电装置处于商业运行阶段，其余处于示范阶段。

图 5-2 澳大利亚 UisceBeatha 装置

5.1.2 振荡浮子技术

振荡浮子技术包括鸭式、筏式、浮子式、摆式、蛙式等诸多技术。振荡浮子技术是利用波浪的运动推动装置的活动部分——鸭体、筏体、浮子等产生往复运动，驱动机械系统或油、水等中间介质的液压系统，再推动发电装置发电。

已研制成功的振荡浮子装置包括英国的 Pelamis（见图 5-3）、Archimedes Wave Swing（AWS）（见图 5-4）、美国的 Power Buoy（见图 5-5）和中国的 50kW 岸式振荡浮子波浪能发电站、30kW 沿岸固定式摆式发电站等。其中英国的 Pelamis 装置效率较低，可靠性较高，处于商业运行阶段；其余装置效率较高，但可靠性较低，尚处于示范阶段。

图 5-3 英国 Pelamis 装置

图 5-4 英国 AWS 发电装置

图 5-5 美国 Power Buoy 发电装置

5.1.3 越浪技术

越浪技术是利用水道将波浪引入高位水库形成水位差（水头），利用水头直接驱动水轮发电机组发电。越浪技术包括收缩波道技术（Tapered Channel）、浪龙（Wave Dragon）和槽式技术（Sea Slot-Cone Generator）。优点是具有较好的输出稳定性、效率以及可靠性；缺点是尺寸巨大，建造存在困难。

研制的装置有挪威的350kW收缩波道式电站、丹麦的Wave Dragon装置（见图5-6）、挪威的SSG槽式装置（见图5-7）等，均处于示范或试验阶段。

图5-6　丹麦Wave Dragon装置

图5-7　挪威SSG槽式装置

5.2 波浪能发电装置液压能量转换系统

5.2.1 液压系统的设计及零部件选型

（1）液压马达的参数计算

模拟发电液压系统的工作压力初设为 $p=12\text{MPa}$，计算液压马达的排量。

根据公式

$$V_m = \frac{2\pi T}{p\eta_{mm}} \tag{5-1}$$

式中 V_m——马达的排量，mL/r；

T——发电机额定转矩，N·m；

p——系统压力，MPa；

η_{mm}——液压马达的机械效率。

取马达的机械效率为 $\eta_{mm}=0.95$，将发电机的额定转矩 $T=240.5\text{N}\cdot\text{m}$、系统工作压力 $p=12\text{MPa}$ 代入式(5-1) 得：$V_m=132.48\text{mL/r}$。

结合计算所得的 $V_m=132.48\text{mL/r}$、发电机的额定转矩 T 和初选系统工作压力 p，选择液压系统的马达的型号为JHM3125，其参数如表5-1所示。

表5-1 马达参数

理论排量/(mL/r)	压力/MPa		额定转速/(r/min)	容积效率	总效率	输出扭矩/N·m
	额定	最高				
125	27.5	35	2000	≥0.9	≥0.81	529.4

(2) 液压缸的参数计算

液压缸是将液压能转换成机械能并做往复直线运动的液压执行元件。它具有结构简单、工作可靠、运动平稳、效率高及布置灵活方便的特点，在各类液压转化传递系统中得到广泛的运用。

本波浪能发电装置中，在浮子的作用下，活塞与活塞杆做上下运动。活塞向上运动时，液压缸下腔空气不对活塞运动产生阻力，液压缸下腔吸入液压油；活塞向下运动时，液压缸上腔吸油。液压油向活塞两面交替供油以完成活塞杆的正向与反向运动，正反向运动速度可以不同。液压缸只需一腔有活塞杆，可与浮子相连，以带动活塞运动，使液压腔吸压油液，带动液压转化传递系统工作，非工作行程时由浮子带动液压缸活塞下降，故在波浪能发电装置中选择单出杆或者双出杆活塞液压缸。另外，为了减少活塞杆在行程结束时与液压缸内壁的撞击，可以使活塞行程终了时减速制动，故我们选用不可调缓冲式单杆双作用式液压缸。液压缸的类型确定后，要选择液压缸还需确定液压缸的主要参数，包括液压缸内径 D、活塞杆直径 d、行程 S 和缸速 v 等。

在发电液压系统中，液压缸相当于能源装置，为液压马达提供动力源。当发电机在额定转速下工作时，液压马达的流量可以根据公式

$$Q_m = \frac{V_m n}{\eta_{mv}} \tag{5-2}$$

式中 Q_m——马达流量，L/min；

V_m——马达的排量，mL/r；

n——发电机的额定转速，r/min；

η_{mv}——液压马达的容积效率。

将液压马达的排量 $V_m=125$mL/r、发电机的额定转速 $n=250$r/min、马达的容积效率 $\eta_{mv}=0.9$ 代入式(5-2) 得 $Q_m=36$L/min。

由功率平衡公式 $FV\eta=pQ_m$ 可以得到

$$F=\frac{pQ_m}{\eta v} \tag{5-3}$$

式中 F——升降台作用在液压缸上的驱动力；

η——系统的机械效率；

v——液压缸的运行速度，m/s。

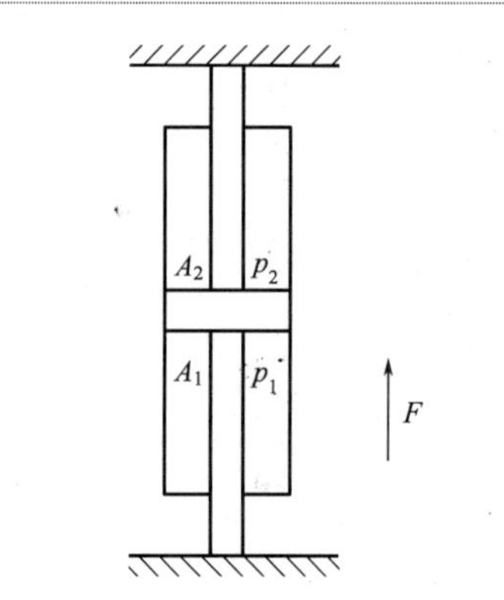

图 5-8 发电液压缸受力分析示意

考虑我国沿海海域平均波高 $H=1.5$m，波浪的平均周期 $T=6$s，所以设计液压缸的平均运行速度为 $v=2H/T=0.5$m/s。由于发电液压系统相对比较简单，故取系统的机械效率 $\eta=0.95$，再将初设系统压力 $p=12$MPa、$Q_m=36$L/min 代入式(5-3) 得发电液压缸所需的驱动力 $F=26767$N。当发电液压缸稳定匀速上升时，其受力分析如图 5-8 所示。

此时，由牛顿定律得

$$F=p_1A_1-p_2A_2$$

由于在液压缸上升时，p_1 为供油腔工作压力，取 $p_1=12$MPa，p_2 为排油腔压力，由于其与油箱相通，取 $p_2=0$MPa。取杆径比 $\phi=d/D=0.7$。

则可以得到

$$D=\sqrt{\frac{4F}{p_1\pi(1-\phi^2)}} \tag{5-4}$$

将 $F=26767$N，$p_1=12$MPa，$\phi=0.7$ 代入式(5-4) 得到：$D=75.38$mm。

按国标规定的有关标准，对液压缸直径 D 和活塞杆直径 d 进行圆整。参照常用液压缸内径及活塞杆直径标准，选取 $D=80$mm，$d=70$mm，液压缸行程 $L=1500$mm。

(3) 发电系统的液压原理

根据液压系统的设计计算以及工程样机的发电原理，设计发电液压系统的原理如图 5-9 所示。当液压缸 2 上腔吸油时，则下腔就是工作腔压油，下腔的高压油经过单向阀 3（右侧）进入液压马达 9，从而驱动发电机 11 进行发电。反之亦然。在发电液压系统内部，蓄能器发挥着重要的作用，当系统压力比较高时，它能有效地存储瞬时不能利用的能量；当海浪模拟液压系统中伺服阀换向或者升降台上升、发电液压系统内部压力较低时，蓄能器又能有效地释放能量对发电系统进行补给，这样不仅有效地减少了能量浪费，而且有利于系统减振，稳定系统压力，使发电电压保持稳定，提高发电品质。

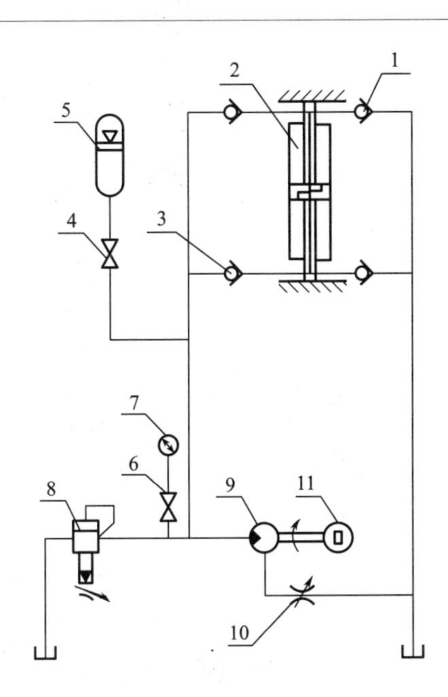

图 5-9 发电液压系统原理图

1，3—板式单向阀；2—双出杆液压缸；4—蓄能器截止阀；5—蓄能器；6—压力表截止阀；7—耐振压力表；8—叠加式溢流阀；9—液压马达；10—板式单向节流阀；11—发电机

(4) 发电液压系统的校核验算

① 发电液压缸的额定流量计算

$$q_n = \frac{\pi(D^2 - d^2)}{4} v\eta_{cv} \tag{5-5}$$

式中 q_n——液压缸的额定流量，L/min；

η_{cv}——液压缸的容积效率；

v——液压缸的运行速度，m/s；

D——液压缸活塞直径，mm；

d——液压缸活塞杆直径，mm。

则将 $v=0.5$m/s，$D=80$mm，$d=70$mm，取 $\eta_{cv}=0.98$，代入式(5-5) 可以得到液压缸的额定流量

$$q_n=\frac{\pi(0.08^2-0.07^2)}{4}\times 0.5\times 1000\times 60\times 0.98=34.62\ (\text{L/min})$$

② 液压马达的转速计算

$$n=\eta_{mv}q_n/V \tag{5-6}$$

式中 n——液压马达转速，r/min；

η_{mv}——液压马达容积效率；

q_n——发电液压缸的额定流量，L/min；

V——液压马达的排量，mL/r。

取液压马达的容积效率 $\eta_{mv}=0.9$，按照液压马达的排量序列取液压马达的排量值 $V=125$mL/r，液压缸的额定流量 $q_n=34.62$L/min，将上述参数代入式(5-6) 得，液压马达的转速 $n=249$r/min。

③ 液压马达的扭矩计算

$$T=\frac{\Delta p V\eta_{mm}}{2\pi} \tag{5-7}$$

式中 T——液压马达的扭矩，N·m；

Δp——液压马达进出口的压力差，MPa；

η_{mm}——液压马达的机械效率；

V——液压马达的排量，mL/r。

由于马达的出口直接回油箱，所以出口压力为 0，入口压力取为系统的初设压力 $p=12$MPa，所以 $\Delta p=12$MPa，取液压马达的机械效率 $\eta_{mm}=0.9$，液压马达排量 $V=125$mL/r，将上述参数都代入式(5-7)，可以得到液压马达的扭矩 $T=218.85$N·m。

④ 液压马达的功率计算

$$P=T\omega=2\pi nT \tag{5-8}$$

将液压马达的扭矩 $T=218.85$N·m、转速 $n=249$r/min 代入式(5-8)，可以得到液压马达的功率 $P=5.70$kW。

经过校核计算，可以验证液压马达的扭矩 T、转速 n、功率 P 能够

与之前系统的设计选型相互匹配。

⑤ 液压管道选型 对液压管道进行选型主要是确定液压管道的内径 d 和壁厚 δ，这是由管道内流量和最高工作压力决定的。

其中管道内径

$$d=\sqrt{\frac{4q}{\pi v}} \tag{5-9}$$

式中，q 为液压管道内流量，由上文可知 q；v 为液压油流速。带入数据可得 d。

管道壁厚

$$\delta=\frac{pd}{2[\sigma]} \tag{5-10}$$

式中，p 为管道内最大工作压力，由上文可知；$[\sigma]$ 为许应用力，对于铜管，$[\sigma]\leqslant 25\text{MPa}$；$d$ 为管道内径。带入数据可得管道壁厚 δ。

⑥ 单向阀及溢流阀选型 对单向阀通径的选型主要是确定其通径大小，单向阀的通径与液压管道内径相同，取为 10mm，开启压力为 0.035MPa。

对溢流阀的选型主要是确定其溢流压力及通径大小，溢流阀的溢流压力取 16MPa，通径取为 10mm。

5.2.2 发电机及储能系统的选型

基于波浪能发电的不稳定性和波浪能发电技术的不成熟，由波浪能采集装置转化为液压能再转化为电能的效率较低的现状，要求波浪能发电系统的每个元件的能量传送及转化效率较高，对于发电机，所产生的电量的品质要求也较高。考虑到交流永磁同步电动机具有体积小、重量轻、高效节能等一系列优点，选择交流永磁同步发电机。

波浪能发电模拟实验装置的设计发电功率为 15kW，考虑试验装置的布局以及负载的平衡性，将 15kW 的发电功率分配给两套相同的发电系统，每一套发电系统的功率为 7.5kW。考虑到尽量与实际海况一致，选择了低转速、大扭矩的永磁发电机，具体参数如表 5-2 所示。

表 5-2 发电机参数

功率	交流电压	转速	额定转矩	效率	重量
7.5kW	380V	250r/min	240.5N·m	0.919	190kg

储能系统的选择应从技术、经济、安全和成熟度四个方面综合考虑。储能技术主要有三大类：机械储能、化学储能以及电磁场储能。

机械储能中的抽水蓄能和压缩空气储能不适用于兆瓦级以下的储能系统。电磁场储能中的超导磁储能和超级电容储能均属于功率型储能，功率特性好但能量密度低，无法满足波浪能发电装置对储能系统容量的要求。电化学储能中的钠硫电池和液流电池近年来得到的关注较多。钠硫电池能量密度和转换效率均较高、循环次数较多，但目前仅有日本 NGK 技术较为成熟，且经济成本非常高。液流电池虽深充深放的循环次数较多，但能量密度低、效率低，且技术成熟度仍需进一步完善。

蓄能器是液压转化传递系统中的储能元件，不仅可以利用它储存多余的压力油液，在需要时释放出来供系统使用，同时也可以利用它来减少压力冲击和压力脉动。蓄能器在保护系统正常运行、改善其动态品质、降低振动和噪声等方面均起重要作用，在现代大型液压转化传递系统中，特别是在具有间歇性工况要求的系统中尤其值得推广应用。蓄能器可分为多种类型，相比于其他形式蓄能器，气囊式蓄能器具有气液隔离、反应灵敏、质量轻等特点，结合本波浪能发电装置对液压系统的要求，选择气囊式蓄能器。确定蓄能器充气压力 p_0。

选择本蓄能器的充气压力时主要考虑因素是蓄能器的容积和使用寿命，对于蓄能器质量的要求并不高。

① 使蓄能器总容积 V_0 最小，在单位容积储存能量最大的条件下，绝热过程时（气体压缩或膨胀的时间小于 1min）取 $p_0=0.491p_2$，等温过程时（气体压缩或膨胀的时间大于 1min）取 $p_0=0.5p_2$。

② 在保护气囊、延长其使用寿命的条件下，对于气囊式蓄能器，一般取 $p_0 \geqslant 0.25p_2$，$p_1 \geqslant 0.3p_2$，p_1 为最小工作压力。

确定蓄能器最低工作压力 p_1 和最高工作压力 p_2。蓄能器的最低工作压力需要满足

$$p_1=(p_1)_{max}+(\sum\Delta p)_{max} \tag{5-11}$$

式中，$(p_1)_{max}$ 为末端液压元件的最大工作压力，MPa；$(\sum\Delta p)_{max}$ 是从蓄能器至末端原件的压力损失之和，MPa。

蓄能器应用的设计计算方法。对于液压马达，可以采用公式：进口流量 $q=Vn/(60\eta_V)$，将马达的各项参数代入可以得到进口流量。

蓄能总容积 V_0，即为充气容积。

$$V_0=\frac{\Delta V}{{p_0}^{1/n}\left[\left(\frac{1}{p_1}\right)^{1/n}-\left(\frac{1}{p_2}\right)^{1/n}\right]} \tag{5-12}$$

5.3 波浪能发电装置控制系统

5.3.1 发电控制系统设计

PID控制是最早发展起来的控制策略之一，具有结构简单、工作可靠、稳定性好、调整方便等特点，而且还有较强的鲁棒性，已经被广泛的应用于过程控制和运动控制中，尤其适用于可建立数学模型的确定性控制系统。自PID控制器诞生，至今已经有70年的发展历史，根据相关资料显示，工业控制过程中95%以上的回路具有控制结构，它已经成为应用于化工、冶金、机械、热工和轻工业等领域的主要技术之一。

本书研究的是一个典型的阀控对称液压缸位置伺服控制系统，该系统中液压系统在上升、下降两种工况下负载变化较大，很大程度上会影响系统的响应特性，故采用PID控制调节以取得满意的效果。

(1) 海浪模拟液压伺服系统的控制结构

根据之前章节建立的海浪模拟液压伺服系统的传递函数，嵌入控制器就可以得到海浪模拟液压伺服系统的控制框图，如图5-10所示。

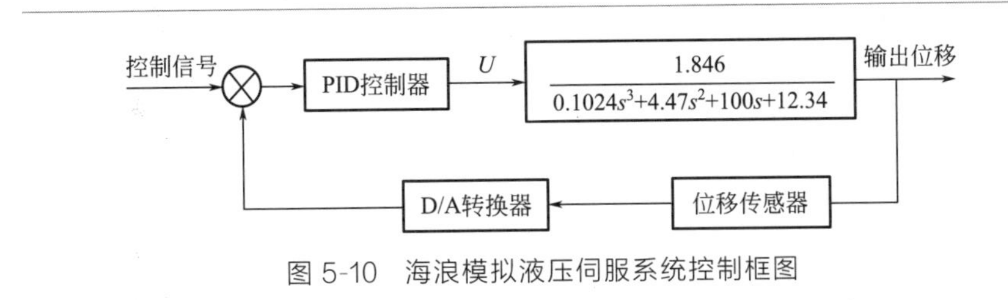

图5-10 海浪模拟液压伺服系统控制框图

在系统运行的过程中，当外负载发生变化或者外界干扰引起液压缸的速度、内部压力发生变化时，系统的输出位移会发生变化，此时，位移传感器会将测得的位移信号转换为对应的电压信号，将该信号与给定的控制信号（模拟波形所对应的电压信号）相比较，将比较所得的偏差电压信号作为PID控制器的输入，经过PID控制器作用以后再输出，系统会将控制器的输出通过比例放大器放大后作用在伺服阀的阀芯上，伺服阀会根据作用信号的大小调节阀芯位移，控制进入液压缸的流量，从而实现液压缸在受到负载变化及外界干扰的情况下保持稳定的速度和位移。

（2）PID 控制器参数的整定

在 PID 控制器的设计过程中，PID 参数的整定不仅是最核心的内容，也是最困难的环节。PID 控制器的比例系数 K_P、积分系数 K_I 和微分系数 K_D 的大小需要根据被控对象的应用领域、实际工况以及系统特性来确定。PID 控制器参数的整定方法很多，目前广泛使用的方法有 2 种。

① 试凑法确定控制器参数　试凑法确定 PID 控制器参数就是依据比例系数 K_P、积分系数 K_I 和微分系数 K_D 三个参数对系统性能的影响，通过观察系统运行情况来调整系统的参数，直到能够获得满意结果的一种参数整定方法。

a. 确定比例系数 K_P。确定比例系数 K_P 时，去掉 PID 控制器的积分和微分项，将系统的输入设定为允许最大输出值的 60%～70%时的值，将比例系数 K_P 从 0 开始逐渐地增大，直到系统开始产生振荡；反过来，再从产生振荡时刻的比例系数 K_P 开始逐渐的减小，直到系统产生的振荡消失，设定 PID 控制器的比例系数为当前值的 60%～70%，至此，就确定了系统的比例系数。

b. 确定积分系数 K_I。积分系数 K_I 的确定就等同于积分时间常数的 T_t 确定，比例系数 K_P 尺确定后，将积分时间常数 T_t 设定成一个较大的值，然后逐渐地减小 T_t，直到系统产生振荡，再反过来，逐渐地增大 T_t，直到系统的振荡消失，记录此时的积分时间常数设定的积分时间常数 T_t 为当前的 150%～180%，通过 T_t 再计算出积分系数 K_I，至此，就确定了系统的积分系数。

c. 确定微分系数 K_D。微分系数 K_D 的确定就等同于微分时间常数 T_D 的确定。微分时间常数 T_D 一般不需要设定，取 0 就可以，此时 PID 调节转换成 PI 调节，如果需要设定，则与确定 K_P 的方法相同，取其不振荡时刻值的 30%。

② 用经验数据法确定 PID 控制器参数　PID 控制器的参数整定方法并不唯一，从工程应用的角度考虑，只要被控制对象的主要性能指标达到设计要求即可，因此，根据长期积累的实践经验发现，各种控制对象的 PID 参数设定都有一定的范围，这为现场调试提供了一个参考基准。表 5-3 给出了几种常见被控量的参数经验数据。

表 5-3　几种常见的 PID 控制量参数经验数据

物理量	特点	K_P	T_I/s	T_D/s
温度	对象有较大的滞后，常用微分	1.6～5	180～600	30～180

续表

物理量	特点	K_P	T_I/s	T_D/s
液位	允许有静差，也可以用积分和微分	1.25～5		
压力	对象的滞后不大，可不用微分	1.4～3.5	25～180	
流量	时间常数小，有噪声，K_P 和 T_I 都较小，不用微分	1.0～2.5	5～60	

5.3.2 输出电能处理

根据需求一般将整个系统设计为电力控制系统和采集监测系统两部分。电力控制系统主要包括波浪能控制柜、蓄电池、配电柜、逆变器和负载及卸荷保护；采集监测系统主要包括采集卡、总线控制设备、上位机和软件系统。某独立电力系统总体方案如图5-11所示。

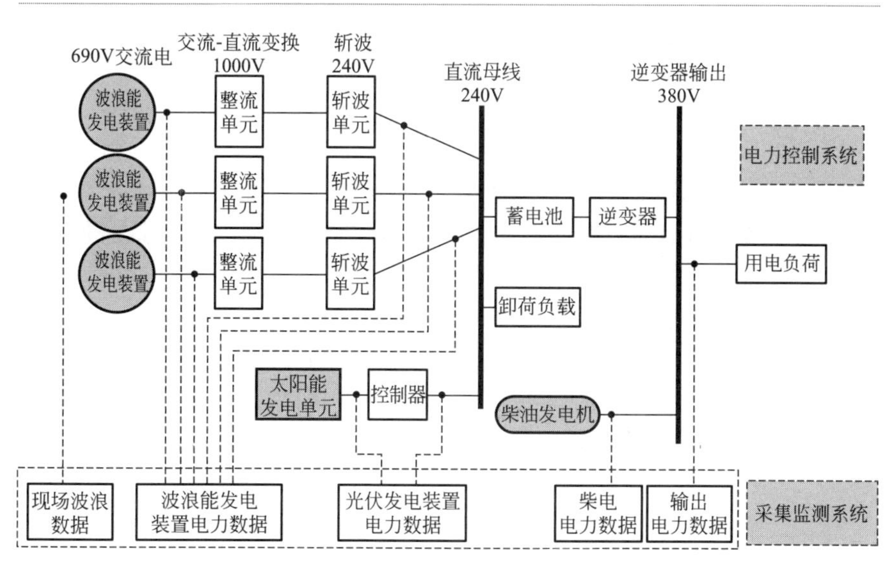

图5-11 总体方案

（1）输入端

各波浪能发电机输出皆为三相交流，通过三相电缆接入各自控制柜，太阳能输出为直流，通过直流电缆接入控制柜。柴油发电机作为备用电源，直接为负载供电。

（2）输出端

逆变器交流输出采用三相四线制，地线与发电单元进线端地线汇总，逆变器输出端、地线与零线间通过绝缘子隔开。柴油发电机为10kW，输出为三相四线，通过具有互锁功能的转换开关与逆变器输出端并联，作为备用电源。

（3）配电柜

各发电单元控制柜输出、蓄电池组输出及逆变器交流输出、制氢等负载设备、柴油机等接线端通过固态继电器在配电柜中汇总，除由与上位机相连的PLC进行自动控制之外，为保证可靠性，还装有手动控制，对各单元进行切换。

（4）低压母线

配电系统中低压母线采用AMC系列的空气绝缘型母线槽，该类型产品可供频率50～60Hz，最大额定电压1000V，额定工作电流100～500A的配电系统使用。各项性能符合IEC439-2、GB7251.2—1997标准，可在额定电流及110%的额定电压下长期工作。

5.3.3 发电远程监控系统设计

随着海浪发电技术的日趋成熟，有效、合理、经济地解决海浪发电装置在海上运行时的数据采集和监控是迫切需要的。目前很多海浪发电设备还处在实验阶段，发出的电并没有供给于消费者或者客户，而是在海上直接消耗，监测这类海浪发电装置的发电是一个不小的难题。传统的各种海浪发电装置，大多数都是通过铺设海底光缆、利用有线传输进行各项发电参数的数据传送，从而实现对发电装置的监控。然而，铺设海底光缆进行数据传输不仅工程巨大，技术上不好实现，而且耗费巨资。

为此，本书介绍一种基于GPRS技术的无线数据采集系统和装置，来实现对海上发电装置各项电力参数的数据采集和检测。该系统是通过GPRS-Internet网络实现数据的无线传输，系统运行时，首先，由主控计算机通过无线模块配套软件来配置、调试客户端的数据采集卡和无线传输模块，使它们彼此认知；其次，利用无线模块将数据采集卡采集的数据通过GPRS网络传送至具有固定IP连接的主控计算机；最终，通过主控计算机实现在无人值守条件下的远程海上发电装置的数据采集。该系统结构简单，精度、自动化程度高，成本低，稳定性好，能够适用于环境条件恶劣情况下的自动化遥测。

本书所介绍的基于 GPRS 的无线数据采集系统是利用 GPRS 的 Internet 接入功能，以 GPRS 网络和 Internet 网络为通信信道的通信模型。该无线数据采集系统是由 DAM-3505/T 三相全交流电量采集模块、GPRS 无线传输模块、GPRS 网络、Internet 网络、硬件模块信息配置软件、服务器程序软件、数据采集的终端软件、主控计算机等软硬件设施组成（见图 5-12）。

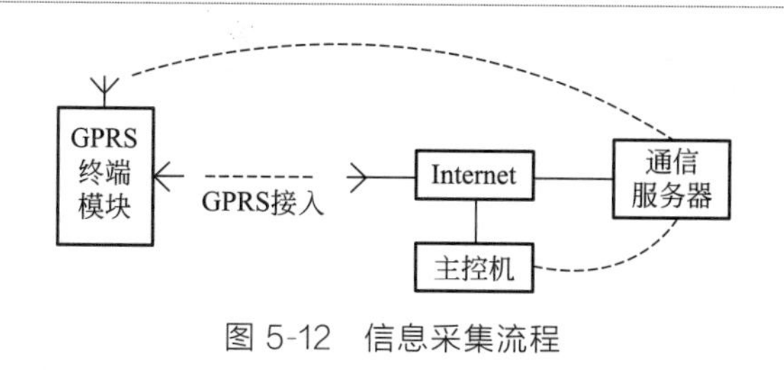

图 5-12 信息采集流程

其通信原理是：在海浪发电模拟实验装置上安装支持 Modbus 协议的 DAM-3505/T 电量采集模块（负责进行数据采集、封装、存储），该模块通过 RS-485 接口与支持透明数据传输协议的 A-GPRS1090I 终端模块通电上线后就连入了 GPRS 网络，利用 GPRS 的 Internet 接入功能就能实现 A-GPRS1090I 终端模块、GPRS 网络、Internet 网络、通信服务器与主控计算机之间的通信，在主控计算机上安装、运行数据采集软件，就能对电量采集模块进行控制，从而实现海浪发电参数的数据采集。

其工作过程是：在主控计算机上运行无线数据采集终端软件，发出数据采集命令，电量采集模块接到数据采集命令后，将采集的数据包传送给 GPRS 终端模块，终端模块通过 GPRS 网络进行无线传送，传送给 Internet 网络，Internet 发送数据给建立的通信服务器，服务器可将接收到的数据进行转发，将数据包映射到主控机的串口或者其他端口，主控计算机接收端口数据并利用无线数据采集终端软件进行数据解析、显示、分析、保存，这样就完成了一次完整的数据采集。整个传输过程采用透明传输模式，误码率低，稳定率好，检测结果准确。海浪发电无线数据采集系统的连接图如图 5-13 所示。

基于 GPRS 的海浪发电无线数据采集系统的硬件部分包括支持 Modbus 协议的 DAM-3505/T 模块、支持透明数据传输协议的 A-GPRS1090I 模块和主控计算机。DAM-3505/T 模块和 A-GPRS1090I 模块都是非常成熟的技术产品，在工业自动化控制领域应用十分广泛。

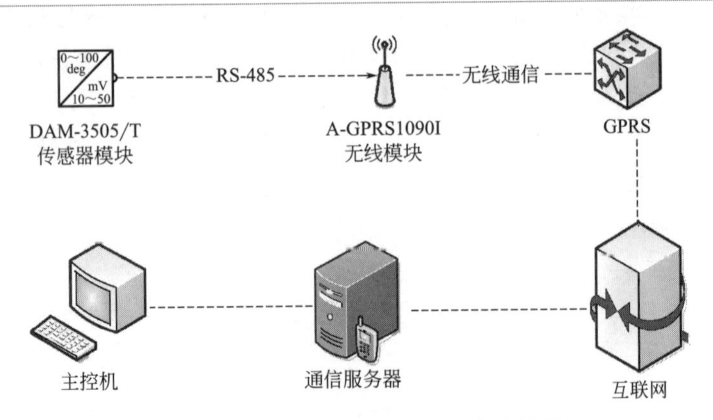

图 5-13 海浪无线数据采集系统连接图

（1）DAM-3505/T 模块

DAM-3505/T 模块如图 5-14 所示。

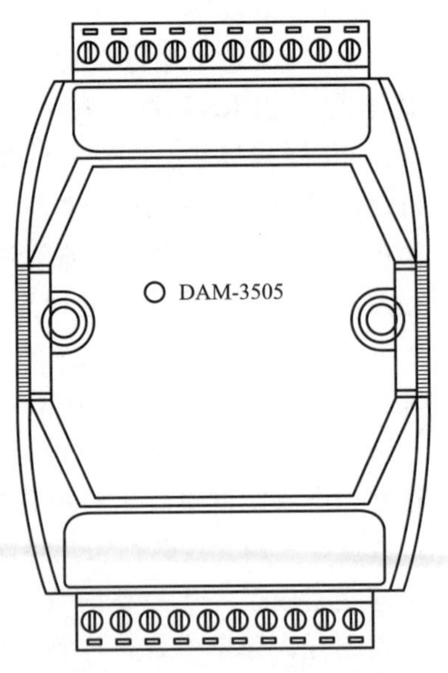

图 5-14 DAM-3505/T 模块

DAM-3505/T 模块是一个三相四线制全参数交流电量采集模块，是海浪发电无线数据采集系统进行数据采集的执行单元。其通过标准的RS-485 接口与 A-GPRS1090I 模块相连，在运行时，其主要负责数据的采集、封装、存储等工作，能够测量电压（量程 400V，可根据实际工况定制)、电流（量程50A，可根据实际工况定制)、有功功率、无功功率、视在功率、功率因数、总电度、正向有功电度、正向无功电度、输入频率、温度、湿度等参数，内置看门狗，外置交流互感器测量精度能够达到±0.2%。在正常运行时，其默认的模块地址是1，波特率9600bit/s，需要外配独立的直流电源供电。

在海浪发电无线数据采集系统中，采集的信号主要是电流、电压、频率、功率、总功、温度、湿度等。电流和频率主要是利用外置的交流互感器进行采集，DAM-3505/T模块将采集到的电流、电压、频率等模拟量信号首先传递到采集卡的内部处理器，内部处理器根据采集的电流、电压、频率等参数进行计算得出发电设备的发电功率、有功功率、无功功率等参数，并将其存储在采集模块内部的寄存器里。

(2) A-GPRS1090I

A-GPRS1090I模块是整个无线数据采集系统的核心部件，它在DAM-3505/T模块与主控计算机之间架设了一条无线通信信道，从而实现数据的无线传输。该模块支持GSM/GPRS双频通信，具有透明数据传输和协议传输两种工作模式，提供标准的RS-485接口，内嵌了完整的TCP/IP协议栈，既支持数据中心域名访问，也支持IP地址访问，不仅能够实现点对点（Point-To-Point）还能实现点对多（Point-To-Multi-point Transmission)、中心对多点的对等数据传输，具有永远在线、空闲下线、空闲掉电三种工作方式，能够通过短信或者打电话进行模块唤醒，具备断线自动重连功能。

在海浪发电无线数据采集系统中，选用的A-GPRS1090I模块是具备标准的RS-485接口类型的模块，利用透明数据传输协议，通过IP地址进行访问，采用永久在线的工作模式，从而实现点对点之间对等的数据传输。图5-15为A-GPRS1090I模块。

在A-GPRS1090I模块右侧面，有伸出来的天线、电源接口（需要9～12V独立的直流电源)、标准的RS-485接口（与DAM-3505/T模块相连)；左侧面有一个SIM插槽（用于插入GSM卡)，NET、PWR、ACT三个指示灯分别指示网络连接、电源、数据发送等信息。

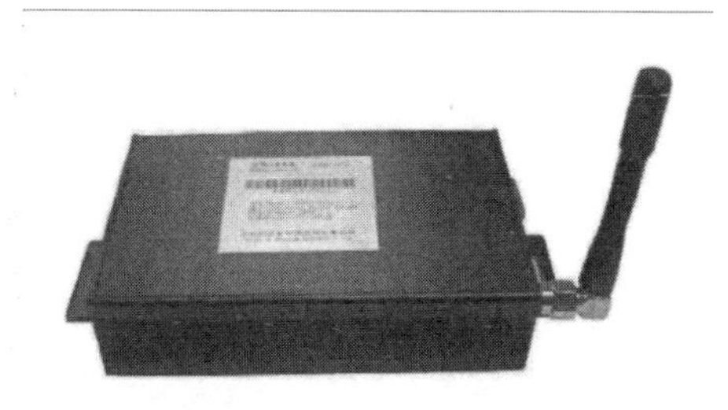

图5-15 A-GPRS1090I模块

（3）主控计算机

主控计算机是整个无线数据采集系统的监控中心和整个软件系统运行的载体。它需要与 Internet 互联，并且要求具有固定的地址，安装 Windows XP/2000/2003 操作系统。其主要功能是为整个系统的实现提供一个前端的监控平台，为系统的软件部分提供一个界面非常友好的安装环境，并作为通信服务器的载体，实现 Internet 上通信服务器的数据与数据采集终端软件之间的传输、解析等。

整个海浪发电无线数据采集系统的软件部分主要包括 GPRS 配置工具 V6.01、ART-Server 软件、数据采集终端软件。

① GPRS 配置工具 V6.01　在建立海浪发电无线数据采集系统的系统连接之前，需要将 A-GPRS1090I 模块通过 DAM-2310 模块（R-485 转 R-232）与主控计算机相连，利用 GPRS 配置工具 V6.01 进行 A-GPRS1090I 模块信息的配置。GPRS 配置工具 V6.01 的模块信息配置界面如图 5-16 所示。

图 5-16　配置界面

模块信息的配置主要包括本地设置、目标设置、传输控制三部分。其中本地配置主要包括无线设备的设备名称、卡号、工作模式、传输模式等；目标设置主要是设置主控计算机的监听端口、上网时的固定域名、中心数量等内容；传输控制主要是设置无线模块在传输时的波特率等串口属性、心跳间隔等内容。所有信息设置完成之后保存设置。模块信息配置的主要作用是将主控计算机、模块和某个固定端口三者之间建立相互联系，使它们之间能够彼此认知，这样在建立无线通信连接时，就可以彼此握手建立无线通信信道。此外，通过配置工具还可以导出模块的配置信息进行打印、将模块恢复出厂设置或者复位等功能。

② ART-Server 软件　ART-Server 软件相当于整个海浪发电无线数据采集系统的一个开关，负责整个无线通信信道的启、停。当 A-GPRS1090I 模块信息配置完成之后，将整个海浪发电无线数据采集系统的硬件部分按图 5-13 所示的系统连接图建立连接，按要求给 A-GPRS1090I 提供直流电源，启动主控计算机上的 ART-Server 软件就可以建立 GPRS 终端模块、GPRS 网络、Internet 网络、通信服务器与主控计算机之间无线通信信道。图 5-17 为 ART-Server 软件。

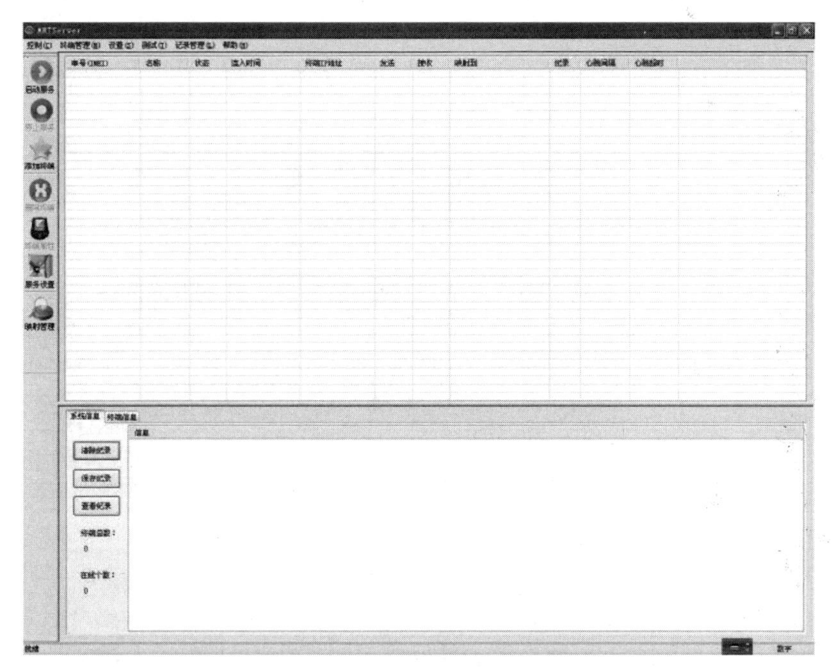

图 5-17　ART-Server 软件

ART-Server 软件的主要功能是通过主控计算机使 A-GPRS1090I 模块上线、虚拟出计算机串口、建立通信服务器进行数据映射等功能，从而实现主控计算机、A-GPRS1090I 模块和 Internet 的某个固定 IP 端口三者之间握手，成功建立无线通信信道。该软件的运行伴随着整个系统数据采集的全过程，它各部分功能的顺利实现是海浪发电无线数据采集系统成功运行的关键。

③ 数据采集终端软件　阿尔泰的数据采集卡 DAM-3505/T 和 A-GPRS1090I（工业级）模块支持 VC、VB、C++Builder、Delphi、Labview、VCI 组态软件等语言的平台驱动。在此，本书采用熟悉的 Visual C++语言开发数据采集终端软件，通过该软件能够实现对三相交流电压、电流、频率、功率等参数的采集与保存。

5.3.4 发电远程控制软件

海浪发电无线数据采集系统的数据采集终端软件是通过可视化编程语言 Visual C++开发的，它为整个系统的运行提供了一个可视化的监控界面。

登录页面如图 5-18 所示，画面设置用户的登录，不同用户选择相应的密码进行登录。

图 5-18　登录界面

设备监测页面如图 5-19 所示。实时监测波浪能发电装置、太阳能发电装置、蓄电池组和负载的运行情况，刷新显示输入输出的电压、电流、发电功率、压力、流量等信息，包括设备的正常运行、停机和故障等内容。

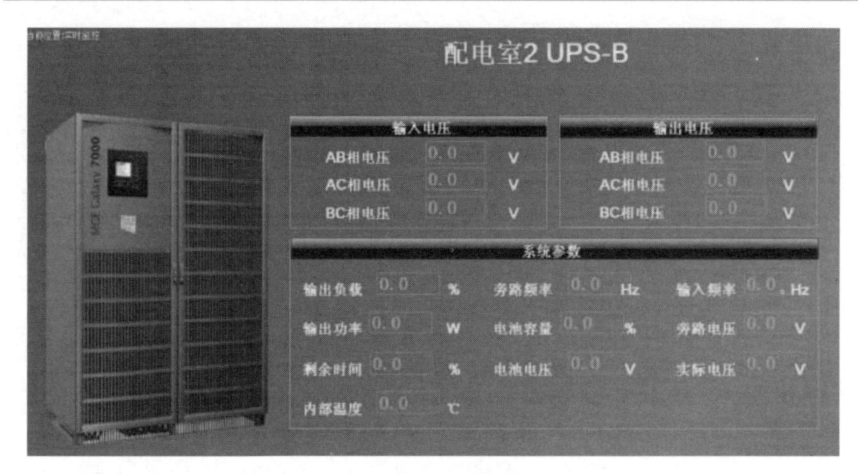

图 5-19　监测界面

数据曲线显示页面如图 5-20 所示。可以显示各类参数如电压、电流、功率等的历史曲线，可同时选择多个种类参数进行显示，便于管理人员进行可视化的浏览和分析。其数据来源是通过查询数据库数据得到的。

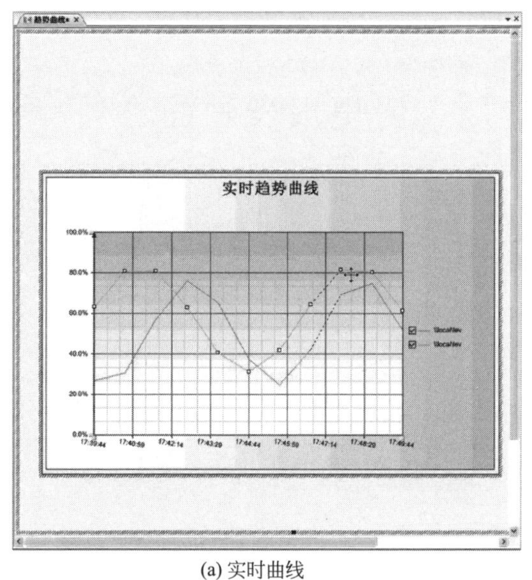

(a) 实时曲线

图 5-20

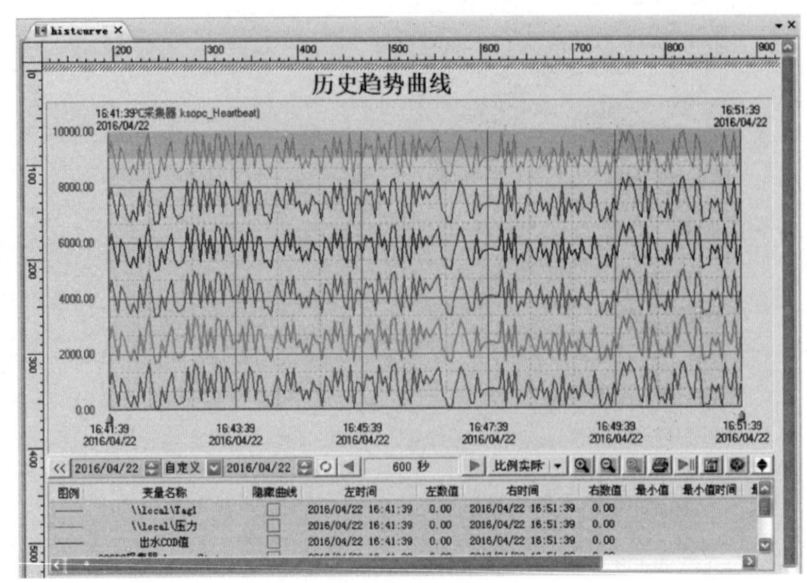

(b) 历史曲线

图 5-20　数据曲线显示页面

报表统计如图 5-21 所示。主要是对历史数据的统计分析，并提供简单的数据统计功能，例如发电量的计算、最大功率、最小功率等。

历史报表画面

	A	B	C
213	2012-05-14 16:23:31	58	20
214	2012-05-14 16:23:32	58	20
215	2012-05-14 16:23:33	58	20
216	2012-05-14 16:23:34	58	20
217	2012-05-14 16:23:35	58	20
218	2012-05-14 16:23:36	58	20
219	2012-05-14 16:23:37	58	20
220	2012-05-14 16:23:38	58	20
221	2012-05-14 16:23:39	58	20
222	2012-05-14 16:23:40	58	20
223	2012-05-14 16:23:41	58	20
224	2012-05-14 16:23:42	58	20
225	2012-05-14 16:23:43	58	20
226	2012-05-14 16:23:44	58	20
227	2012-05-14 16:23:45	58	20
228	2012-05-14 16:23:46	58	20
229	2012-05-14 16:23:47	58	20
230	2012-05-14 16:23:48	58	20
231	2012-05-14 16:23:49	58	20
232	2012-05-14 16:23:50	58	20

查询

图 5-21　报表统计页面

在该软件开发的过程中，有效地利用了 DAM-3505/T 模块数据采集软件的动态链接库 DAM3000. DLL 文件，其为软件的开发节省了大量的工作。数据采集终端软件主要功能流程图如图 5-22 所示。

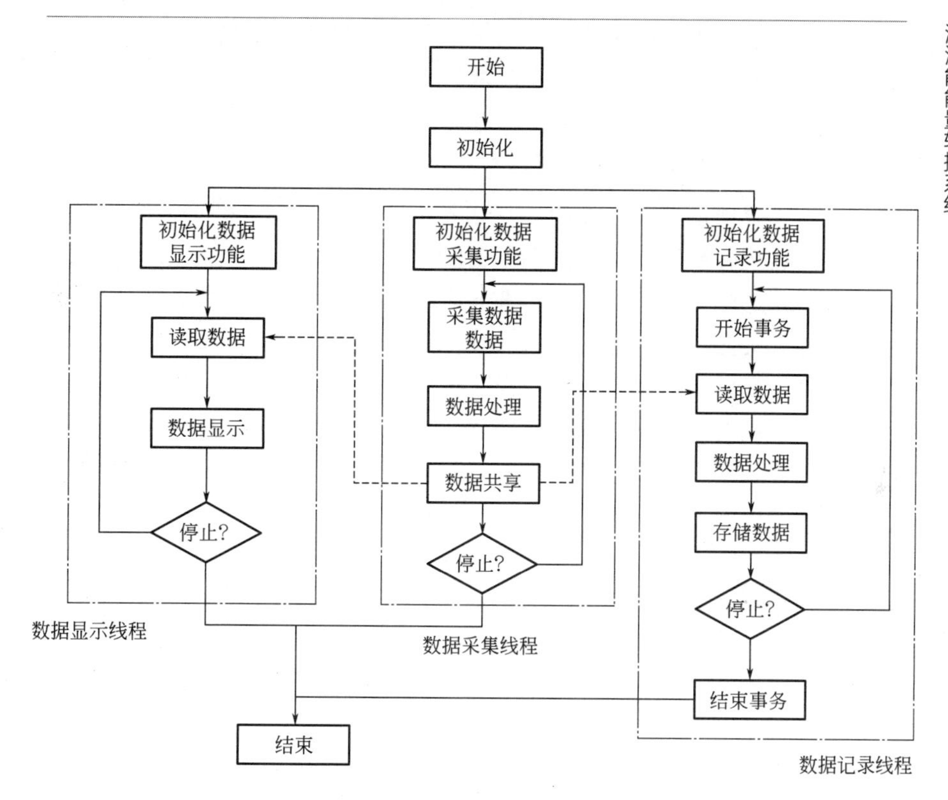

图 5-22　数据采集终端软件功能流程图

程序开始运行后，首先进行初始化操作，进行设备的识别、连接等。当用户开始执行数据采集任务后，程序会自动生成 3 个线程：数据采集线程、数据显示线程、数据记录线程。

（1）数据采集线程

首先对数据采集模块进行初始化，包括设备信息的读取与修改、通信参数设置及相关变量的初始化操作。然后数据采集程序向数据采集模块发送数据采集命令，并根据设置的延时时间进行等待，如果超时后仍未读取到任何数据，则程序重新发送数据采集指令。当系统读取到需要的数据后，将对数据进行解析，计算出电压、电流等参数，然后程序将计算的结果存储于计算机的内存中供其他线程或程序使用。如此循环，直到任务终止。

（2）数据显示线程

首先初始化数据显示功能，然后数据显示线程从计算机内存中读取数据采集线程所采集到的各种信息，并进行处理，最后按照预定格式进行各种参数的实时显示。

（3）数据记录线程

数据记录线程开始后，首先进行数据库的初始化，包括动态链接库的加载、数据库及数据库中表的建立等操作。之后数据记录线程会开始事务功能。利用数据库的事务功能可以暂时将数据存储在计算机内存里，计算机内存的读写速度大大快于硬盘的读写速度，故可以极大地节省操作时间。然后数据记录线程会在数据采集线程成功完成一次数据采集后，读取最新采集到的数据并处理，以适当的格式存储于数据库中。当线程结束或者内存数据库中的数据达到一定数量时，数据库将结束事务，并将数据写入计算机硬盘。

在数据保存时，海浪发电无线数据采集系统充分利用了 Splite 数据库小巧、灵活、功能丰富的特点，通过调用动态链接库，利用 Sqlite 数据库进行海浪发电参数的保存，并且实现了所保存数据的导出功能，用户可以利用 Excel 对从数据库中导出的 CSV 格式的数据文件进行后期的分析处理。

当建立好通信连接后，运行数据采集终端软件可以高效、准确地采集海浪发电模拟实验装置的三相交流电压、电流、频率、功率、总功、温度、湿度等参数，同时能将采集到的数据利用数据库进行保存，能够直观、方便、快捷地查看海浪发电设备在任何时刻的各项发电参数，数据采集终端软件界面如图 5-23 所示。

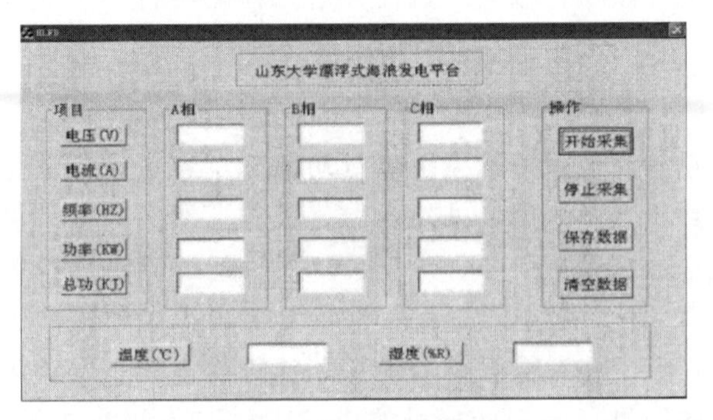

图 5-23　数据显示界面

海浪发电无线数据采集终端软件既可以利用A-GPRS1090I模块通过GPRS网络建立无线信道进行远程无线数据采集，也可以通过DAM-2310模块（RS-485转RS-232）将DAM-3505T模块直接与主控计算机相连进行有线数据采集。相对有线数据采集而言，利用GPRS技术的无线数据采集实时性比较差，程序的延时时间需要设置较长。

第6章 波浪能发电装置设计实例

6.1 波浪能发电装置的设计

本章以山东大学设计研发的漂浮式液压波浪能发电装置为例，详解波浪能发电装置的设计过程，其中部分参数已经在第5章给出。

漂浮式液压波浪能发电装置的总体方案如图6-1所示，系统主要由顶盖、主浮筒、浮体、导向柱、发电室、调节舱、底架等部分组成。浮体3在波浪的作用下沿导向柱4做上下运动，并带动液压缸产生高压油，高压油驱动液压马达旋转，带动发电机发电。

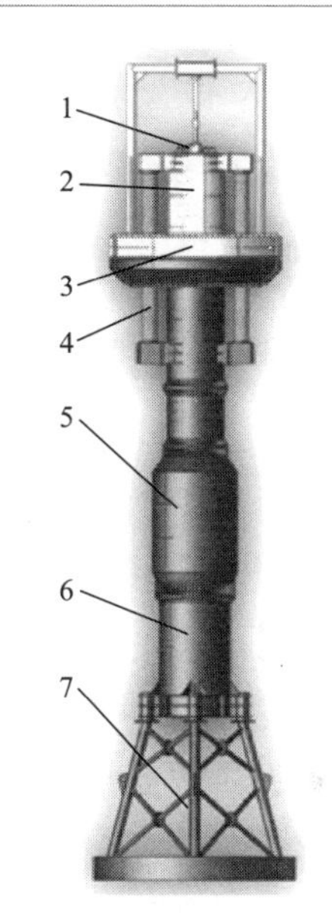

图6-1 漂浮式液压波浪能发电装置总体方案

1—顶盖；2—主浮筒；3—浮体；4—导向柱；5—发电室；6—调节舱；7—底架

底架主要对主浮筒起到水力约束的作用，在波浪经过时，保持主浮筒基本不产生任何运动。而浮体则在波浪的作用下沿导向柱做往复运动。液压缸与主浮筒连接在一起，活塞杆与浮体的龙门架连接在一起，浮体与主浮筒的相对运动转变为活塞杆与液压缸的相对运动，从而输出液压能。发电室用于放置液压和发电系统。调节舱用于调节浮体平衡位置，通过向调节舱中注水、沙，可以降低浮体的位置，增加被淹没的高度，最终使浮体处于导向柱的中间位置处。由于系统的浮力大于其所受的重力，整体处于漂浮状态，潮涨潮落时，波浪能发电装置能够随液面高度的变化而变化。

根据漂浮式液压波浪能发电装置的设计、制造及试验的相关过程，将主要步骤分为以下方面。

① 主要技术内容的确定。

② 实施海域的确定。

③ 理论分析。

④ 数值模拟分析（水动力学分析）。

⑤ 比例模型实验。

⑥ 试验及参数修正。

⑦ 陆地试验与海试。相关内容在第 7 章进行讲解。

6.2 技术内容

根据前期的项目研发，漂浮式液压波浪能发电装置的相关技术内容如下。

(1) 研究漂浮式波浪能发电系统的液压驱动技术

研究可以输出大扭矩和高速度的漂浮式波浪能发电液压系统。当波浪比较大，波浪能较多时，液压驱动系统的能量存储器开始存储波浪能；而当波浪变小，发电系统所采集的能量不足以维持系统正常的发电时，能量存储器开始向发电系统补充能量，使发电系统能保持稳定的发电状态。

(2) 研究漂浮式波浪能发电装置子系统

漂浮式波浪能发电装置子系统由水力约束系统、主体立柱、导向柱、浮体、水密发电室等部分组成。浮体套装在导向柱上，在波浪推动下可沿导向柱做上下运动，由此产生的高压油驱动液压马达旋转，并带动发电机发电。

(3) 研究漂浮式液压波浪能发电系统的动力学模型及其动态特性

漂浮式液压波浪能发电系统的工作状况复杂，会同时受到海水浮力、波浪冲击力、海风力、液压驱动力、摩擦力等的影响，是典型的多物理场流固耦合问题，动态特性非常复杂。项目将研究漂浮式液压波浪能发电系统的“机-电-液-气”混合系统动力学模型，分析其动态特性。

(4) 研究完善漂浮式液压波浪能发电系统的设计与制造

研究完善漂浮式液压波浪能发电系统硬件的设计图纸与制造工艺。项目的目标是将漂浮式液压波浪能发电系统进行产业化发展。漂浮式液压波浪能发电系统须系列化，适合各种海况要求。

6.3 海域选择与确定

经过对烟台、威海附近的海域多次实地考察调研，向海洋渔业部门及当地渔民了解海域情况，最终海试地点定在北纬 37°26′40″，东经 122°39′30″。该点位于海驴岛西南方向约 500m 处，该点海底为砂土质，便于发电系统进行锚泊固定，第 4 季节的海况能够满足项目的试验要求。受地理因素限制，此位置对航道无影响。图 6-2 为所选海域情况。

图 6-2 海驴岛

6.4 理论分析

为了研究漂浮波浪能发电装置在波浪冲击下的可靠性，需计算其水平载荷（为保证可靠性，此处按固定桩柱模式计算）。作用在平台机构上波浪诱导的载荷是由于波浪产生的压力场所致，一般波浪诱导载荷可以分为三种：拖曳力、惯性力和绕射力。在海洋工程结构中，通常是根据大尺度结构还是小尺度结构来决定选用哪种计算波浪载荷的方法。对于小尺度构件，波浪的拖曳力和惯性力是主要的；而对于大尺度机构，波浪的惯性力和绕射力是最主要的。这里所谓小尺度构件是指 $D/L \leqslant 0.2$ 的情况（D 为构件的直径，L 为波长）。小尺度构件波浪载荷可以用莫里森（Morison）方程计算。

Morison 方程可表示为

$$F = F_D + F_M = \rho C_M V \frac{\partial u}{\partial t} + \frac{1}{2}\rho C_D A \left| u \right| u \tag{6-1}$$

式中 F——水平载荷力，N；

ρ——流体密度，kg/m^3；

V——物体体积，m^3；

A——物体的投影面积，m^2；

C_M——惯性系数；

C_D——阻力系数；

u——流体速度，m/s。

根据浮体和主浮筒的结构形式，取 $C_M=2.0$，$C_D=0.5$。由线性微幅波理论，水质点的水平运动速度和加速度分别为

$$u=\frac{H\omega}{2}\times\frac{\cosh ks}{\sinh kh}\cos\Theta \tag{6-2}$$

$$\frac{\partial u}{\partial t}=\frac{2\pi^2 H}{T^2}\times\frac{\cosh ks}{\sinh kh}\sin\Theta \tag{6-3}$$

式中各参数意义见图 6-3，$\Theta=kx-\omega t$。

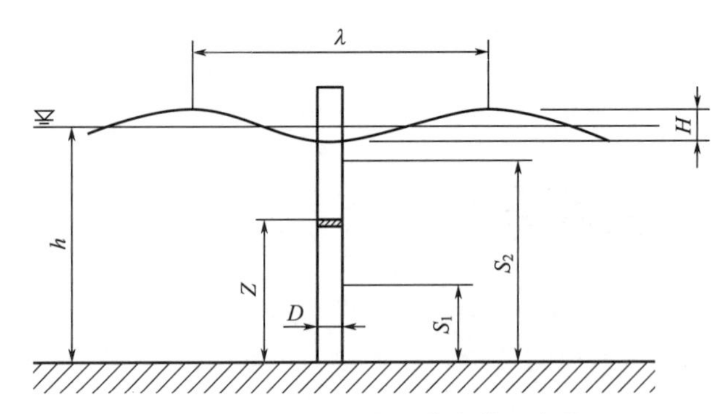

图 6-3 Morison 方程中参数示意图

将式(6-2) 和式(6-3) 带入式(6-1) 得

$$\begin{aligned}F&=C_M\rho A\left(\frac{2\pi^2 H}{T^2\sinh kh}\right)\int_{S_1}^{S_2}\cosh ks\,\mathrm{d}s\sin\Theta+\\&\frac{1}{2}C_D\rho D\left(\frac{\pi H}{T\sinh kd}\right)^2\int_{S_1}^{S_2}\cosh^2 ks\,\mathrm{d}s\cos\Theta\,|\cos\Theta|\\&=F_M\sin\Theta+F_D\,|\cos\Theta|\cos\Theta\end{aligned} \tag{6-4}$$

由基本数学公式

$$\cosh^2 ks=\frac{1}{2}(1+\cosh 2ks) \tag{6-5}$$

有

$$\int_{S_1}^{S_2} \cosh^2 ks\,ds = \int_{S_1}^{S_2} \frac{1}{2}(1+\cosh 2ks)\,ds$$

$$= \frac{1}{4k}[2k(S_2 - S_1) + \sinh 2kS_2 - \sinh 2kS_1] \tag{6-6}$$

则

$$F_D = \frac{1}{2}C_D\rho D\left(\frac{\pi H}{T\sinh kh}\right)^2 \frac{2k(S_2 - S_1) + \sinh 2kS_2 - \sinh 2kS_1}{4k}$$

$$= \frac{1}{2}C_D\rho D\left(\frac{2\pi}{T}\right)^2 \frac{H^2}{4} \times \frac{2k(S_2 - S_1) + \sinh 2kS_2 - \sinh 2kS_1}{4k\ \sinh^2 kh} \tag{6-7}$$

$$F_M = C_M A_I \frac{2\pi^2 H}{T^2 \sinh kh}\int_{S_1}^{S_2} \cosh ks\,ds$$

$$= C_M \rho A \frac{gH}{2} \times \frac{\sinh kS_2 - \sinh kS_1}{\cosh kh} \tag{6-8}$$

式中定义了 $\Theta = kx - \omega t$，式中 x 的值与坐标的选取有关，为了方便起见，取 $x=0$，所以 $\Theta = -\omega t$，F 的表达式可改写为如下形式

$$F = F_D \cos\omega t\,|\cos\omega t| - F_M \sin\omega t \tag{6-9}$$

取极限情况为波高 8m，周期 14s（估算）。波长 L 为

$$L = \frac{gT^2}{2\pi}\tanh\frac{2\pi h}{L} \tag{6-10}$$

取水深 h 为 40m，代入数据迭代得波长 L 为 242.3m。则波速 $C = L/T = 242.3/14 = 17.31\text{m/s}$，波数 $k = 2\pi/L = 2\times 3.14/242.3 = 0.026$，圆频率 $\omega = 2\pi/T = 2\times 3.14/14 = 0.449$。

速度势为

$$\varphi = \frac{ag}{\omega \cosh kh}\cosh k(z+h)\sin(kx - \omega t) \tag{6-11}$$

代入数据得 $\varphi = 56.0\cosh 0.026(z+40)\sin(0.026x - 0.449t)$

自由面形状（波面方程）为

$$\eta = a\cos(kx - \omega t) \tag{6-12}$$

代入数据得 $\eta = 4\cos(0.026x - 0.449t)$。

对于浮体，其投影边长 $D = 6.6\text{m}$，平均截面积 A 由软件算得为 30.73m^2，$S_1 = -1.7$，$S_2 = 0$。则可得

$$F_1=6506\cos0.449t\,|\cos0.449t|-70012\sin0.449t \tag{6-13}$$

对于主浮筒，其投影边长 $D=2.4\text{m}$，平均截面积 $A=4.522\text{m}^2$，$S_1=-20$，$S_2=0$。则可得

$$F_1=28354\cos0.449t\,|\cos0.449t|-126702\sin0.449t \tag{6-14}$$

对于 $F=F_D\cos\omega t\,|\cos\omega t|-F_M\sin\omega t$ 这样呈周期性变化的力，可以通过求导数的办法求得最大水平波浪力。

$$\frac{\text{d}F}{\text{d}t}=-\omega\cos\omega t(F_M+2F_D\sin\omega t)=0 \tag{6-15}$$

通过观察可得出，有两种情况能满足上式：

① $\cos\omega t=0$，此时位于静水面，$x=0$；

② $F_M+2F_D\sin\omega t=0$。显然 $|\sin\omega t|\leqslant1$，所以只有满足式 $F_D\geqslant0.5F_M$ 的时候公式才成立。

通过上面的分析可以知道最大水平波浪力的时刻和幅值。

① 当 $F_D<0.5F_M$ 时，水平波浪力的最大值出现在 $\cos\omega t=0$ 的时候，此时的最大水平波浪力为：$F=F_M$。

② 当 $F_D=0.5F_M$ 时，可以导出 $\sin\omega t=-1$，显然此时 $\cos\omega t=0$，此时的最大水平波浪力也为：$F=F_M$。

③ 当 $F_D>0.5F_M$ 时，参考 $F_M+2F_D\sin\omega t=0$ 可以得到：$\sin\omega t=-\frac{1}{2}\times\frac{F_M}{F_D}$。

进而得到最大的力为

$$F_{\max}=F_D\left[1+\frac{1}{4}\left(\frac{F_M}{F_D}\right)^2\right] \tag{6-16}$$

由上式可得浮体水平方向最大受力为 70012N，主浮筒水平方向最大受力为 126702N。则整体水平方向最大受力为 1.967×10^5N。

利用三维分析软件分别求出各个部件的质量、重心位置、浮力（为方便比较，转换为等效质量）和浮心位置，如表 6-1 所示。设定一基准面，并标示各部件的重心和浮心位置，如图 6-4 所示。

表 6-1 计算结果汇总

项目	质量/kg	相对重心位置/m	浮力体积/m^3	浮力等效质量/kg	相对浮心/m
底架	29413.610	−4.348	5.581	5720.966	−3.734
调节舱	10865.348	1.725	20.857	21378.075	2.127

续表

项目	质量/kg	相对重心位置/m	浮力体积/m^3	浮力等效质量/kg	相对浮心/m
发电室	11754.554	6.636	40.206	41211.377	6.749
主浮筒	17062.519	14.246	26.409	27069.293	11.957
导向柱	18742.685	14.298	3.540	3628.601	11.442
顶盖	1551.474	19.087		0.000	
合计	89390.190			99008.312	

注：浮体部分单独平衡，故未计算在内。

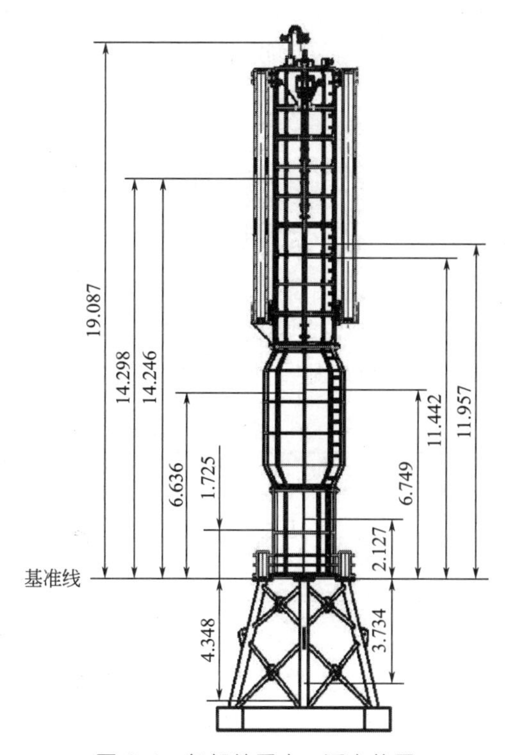

图 6-4 各部件重心、浮心位置

样机的重心位置为：

$$Z_{重心}=\frac{m_{底架}Z_{底架}+m_{调节舱}Z_{调节舱}+m_{发电室}Z_{发电室}+m_{主浮筒}Z_{主浮筒}+m_{导向柱}Z_{导向柱}+m_{顶盖}Z_{顶盖}}{m_{底架}+m_{调节舱}+m_{发电室}+m_{主浮筒}+m_{导向柱}+m_{顶盖}}$$

$$=5.7(\mathrm{m}) \tag{6-17}$$

同理可得浮心的相对坐标为 6.741m。考虑到锚链重量以及调节舱的注水量后，经计算可得浮心比重心高出 2.5m 以上，可以具有倾斜后自动恢复的功能。

6.5 数值模拟分析

漂浮式液压波浪能发电装置利用浮体吸收波浪能量，再通过液压系统驱动液压马达，带动发电机发电。由于浮体直接与液压缸连接，而液压缸的活塞杆只能承受轴向力，所以为保证液压缸的正常工作，利用导向装置来限制浮体的上下运动，从而将浮体受到的水平力和力矩传递给立柱。为了分析立柱在实海况下工作的可靠性，需对立柱与海浪间的流固耦合进行分析。

6.5.1 小浪情况下的流固耦合分析

小浪情况下，波浪参数见表 6-2，发电装置处的波浪变化规律如图 6-5 所示。为了减少计算量，流固耦合从 18.7s 开始，取 18.7s 时的状态为流体域的初始状态，将此时间点作为 0 时刻进行流固耦合的计算，取一个周期的四个点来显示仿真结果，如图 6-6～图 6-9 所示。

表 6-2 波浪参数

波高 H /m	周期 T /s	波长 L /m	波数 k	圆频率 ω /(rad/s)	波速 c /(m/s)
1.1	4.4	30.19615	0.20808	1.4278	6.826276

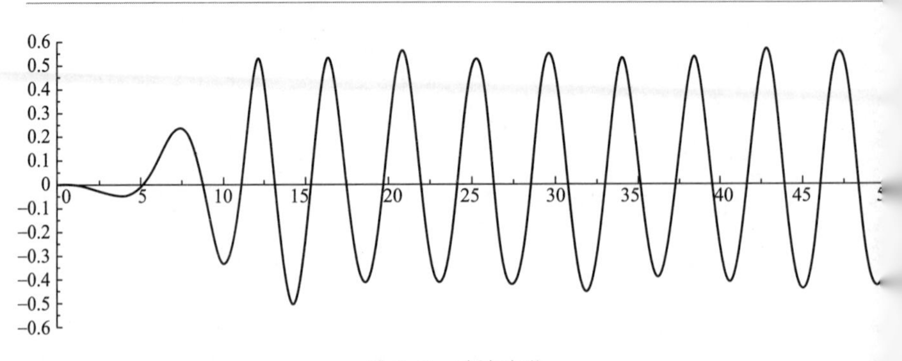

图 6-5 波浪变化

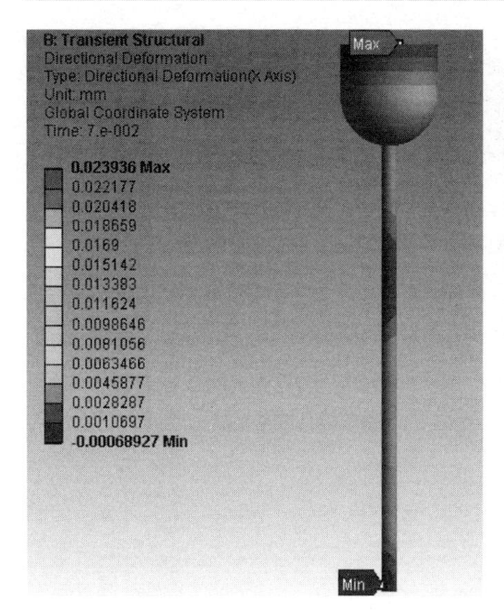

图 6-6 0.07s（18.77s）时的形变与速度矢量图

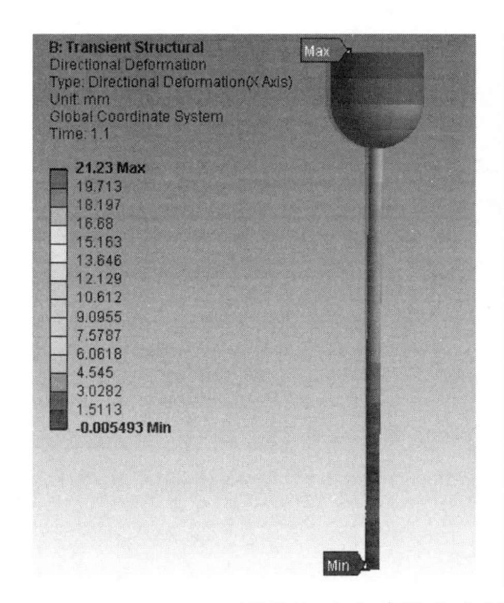

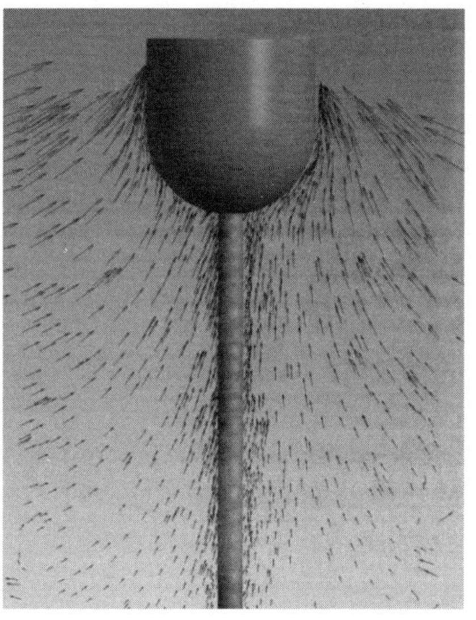

图 6-7 1.1s（19.8s）时的形变与速度矢量图

由速度矢量图可知，靠近水面部分的流体速度较大，流场对发电装置的作用力大部分集中于浮体，然后通过导向装置传递给立柱。由形变图可知，最大形变发生在立柱顶端。根据不同时刻立柱的最大形变量，可得立柱形变随时间变化的曲线，如图 6-10 所示。

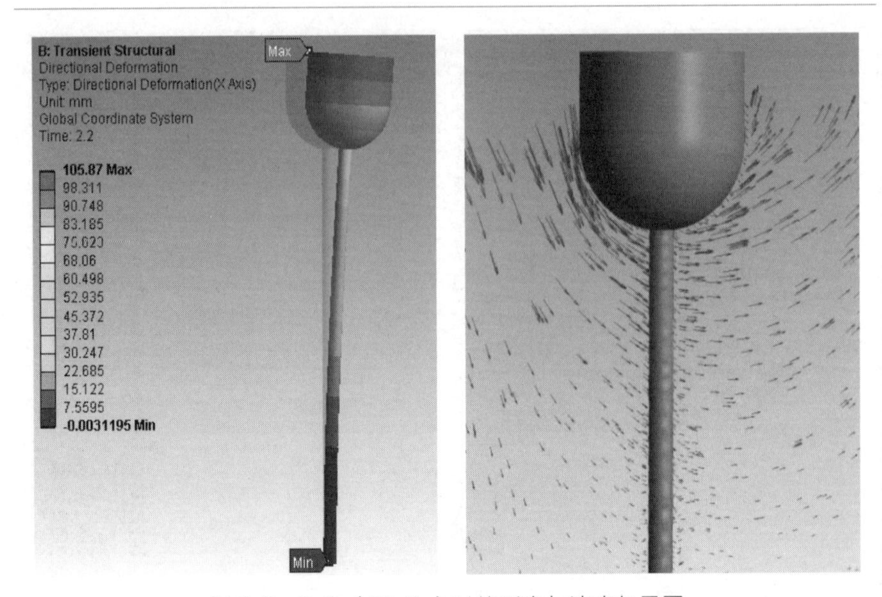

图 6-8 2.2s（20.9s）时的形变与速度矢量图

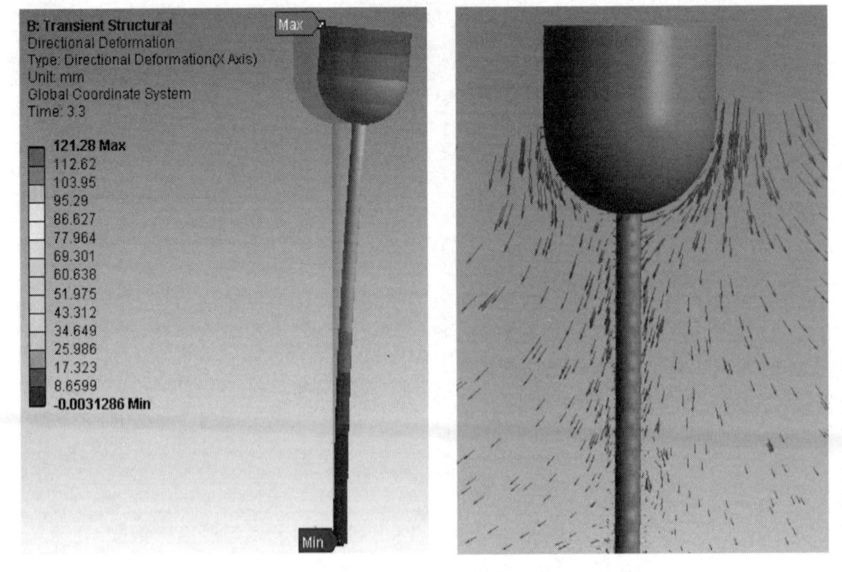

图 6-9 3.3s（22s）时的形变与速度矢量图

由图 6-10 可知，立柱形变最大的位置并不在波浪的平衡位置处，而是在 2.9s，该时刻的形变与速度矢量图如图 6-11 所示。

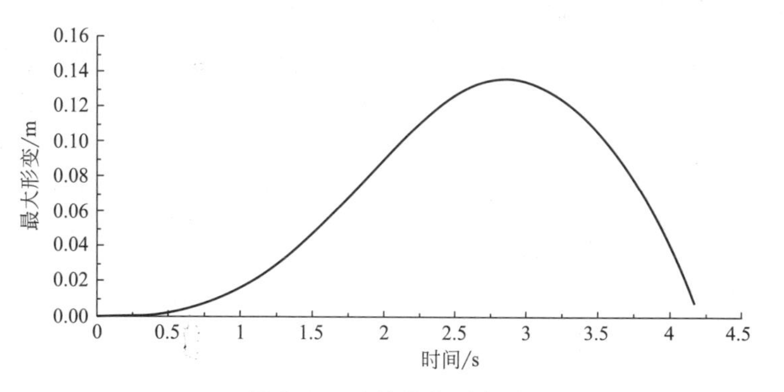

图 6-10 立柱最大形变量

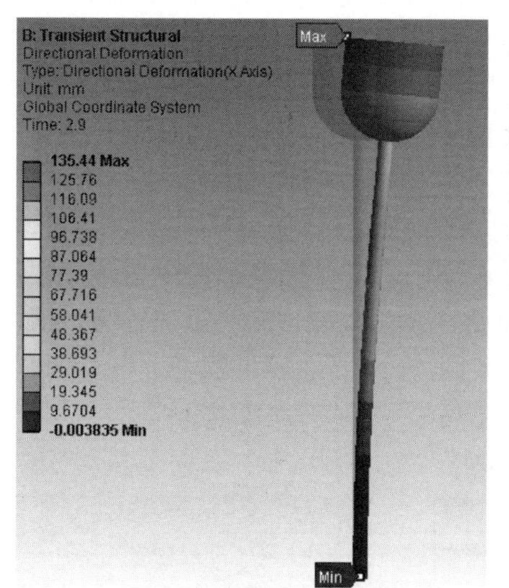

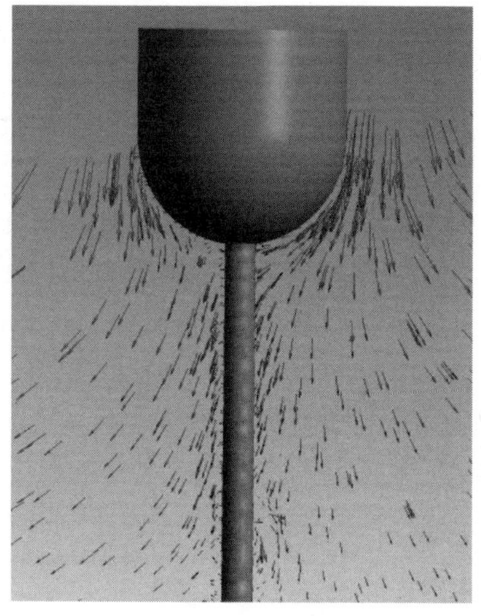

图 6-11 2.9s(21.6s)时的形变与速度矢量图

6.5.2 大浪情况下的流固耦合分析

本项目实施海域的波高将近 2m，考虑到波浪在传播过程中的衰减问题，故模拟波高为 2.2m 的波浪，其他参数见表 6-3。

表 6-3 波浪参数

波高 H/m	周期 T/s	波长 L/m	波数 k	圆频率 ω/(rad/s)	波速 c/(m/s)
2.2	6.6	67.94134	0.0924796	0.9512	10.29414

计算流体域时，发电装置位于 135m 处，$0\mathrm{m}\leqslant x\leqslant 70\mathrm{m}$ 为造波区，$150\mathrm{m}\leqslant x\leqslant 200\mathrm{m}$ 为消波区，在不存在发电装置的同等网格条件的竖直水槽中进行造波，可得 135m 处的波高约为 2m。

在流体仿真中，需要考虑到浮体运动所带来的流场变化，由前面的仿真结果可知，由立柱形变引起的浮体位移很小，而且立柱形变所带来的流场变化也很小，因此进行流体仿真时，将立柱和浮体均看作刚体，利用动网格技术和 UDF 功能实现浮体沿立柱的上下运动。在动网格设置中，选择弹簧光顺法与局部重划法实现动网格的更新。在动网格区域设置中，将浮体的外面表（move）设置为 Rigid Body 类型，其运动规律通过 UDF 功能确定，将浮体上面的部分立柱（yuanzhu 1）和浮体下面的部分立柱（yuanzhu 2）设置为 Deforming 类型，变形轨迹为圆柱体，即浮体向上运动时，上半部分立柱变短，下半部分立柱变长，浮体向下运动时，上半部分立柱变长，下半部分立柱变短，这样就能模拟浮体沿着立柱上下运动，其他参数设置与立柱的尺寸和空间位置有关，如图 6-12 所示。

仿真结束后，选取平衡位置的两个时刻（18.75s 和 22.05s）的仿真结果导入 Workbench 的 Static Structural 模块。在固体仿真中，首先对固体模型进行网格划分（如图 6-13 所示），然后添加重力、固定约束等条件，将流体仿真结果导入到指定面上之后，就可进行流固耦合分析，仿真结果如图 6-14、图 6-15 所示。

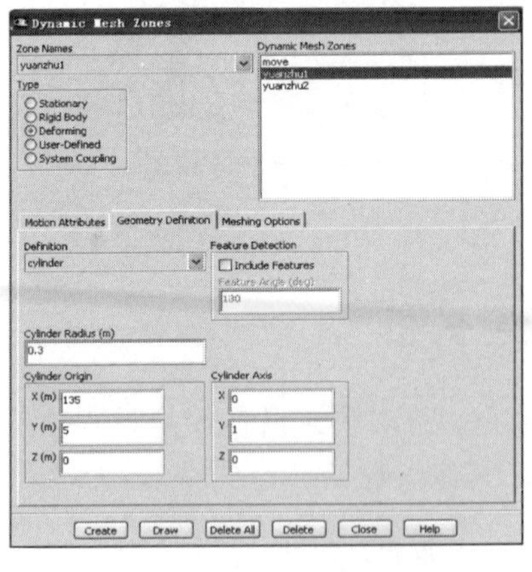

图 6-12　动网格设置区域设置

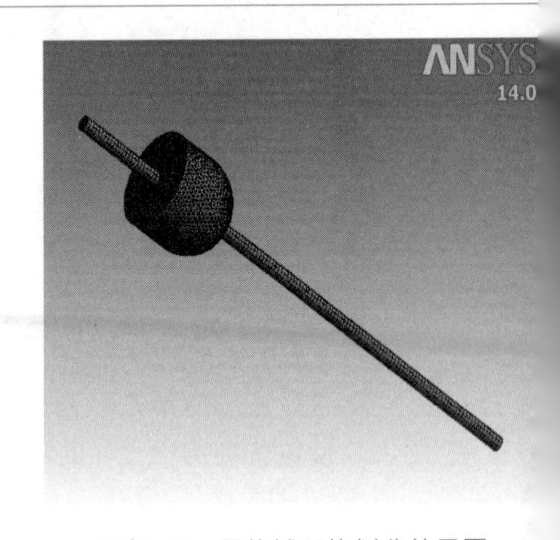

图 6-13　固体域网格划分效果图

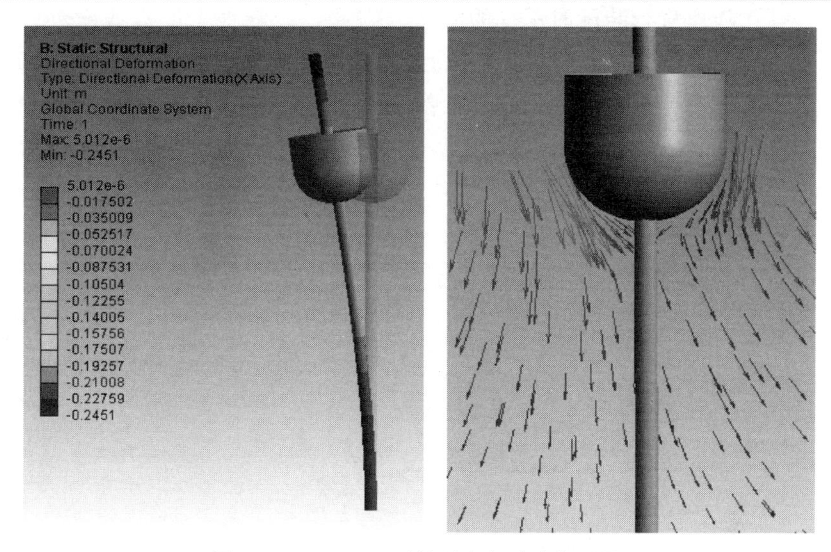

图 6-14 18.75s 时的形变与速度矢量图

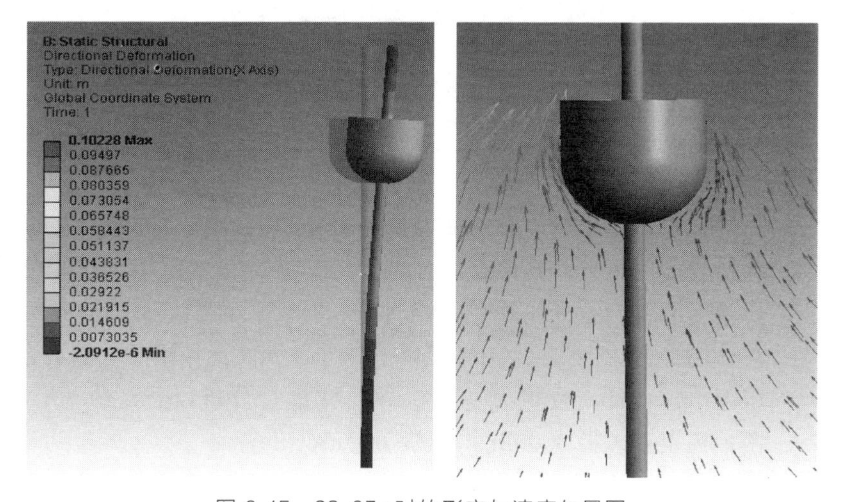

图 6-15 22.05s 时的形变与速度矢量图

通过不同波浪情况下的流固耦合分析，得出波浪对立柱性能的影响，为进一步改进发电装置结构提供了理论依据。

6.5.3 结构有限元分析

（1）底座

在海上工作时，波浪能发电站处于漂浮状态，底座承受的负载小于在陆地进行装配时承受的载荷。因此，按陆地工况对底座进行有限元分析。底座要承受将近 100t 的其上方装置对它的压力，下端固定。图 6-16 为应力分布图，钢架圆管上形变量最大约为 0.8mm，受到的最大应力约为 38.4MPa，并且此时已经对圆管之间的支承做了简化，不难得出底架强度符合设计要求。

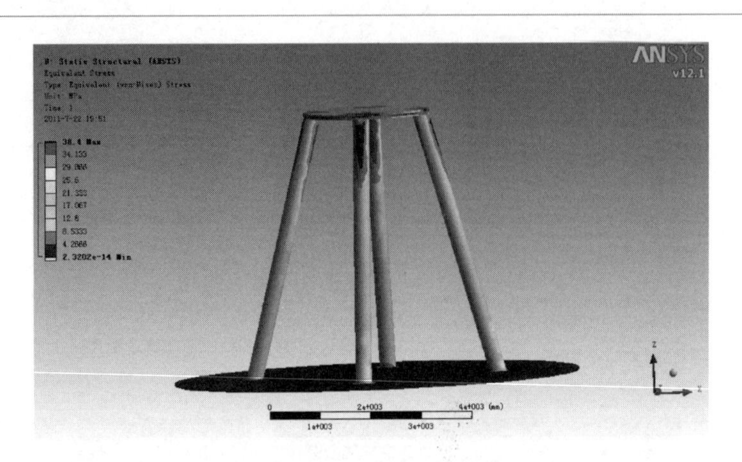

图 6-16 底架应力分布图

（2）导向柱

在海上工作时，波浪能发电站处于漂浮状态。在极限工况下，当浮体沿导向装置上升到最高位置时，由于某种未知原因，此时突然有一大风浪对装置产生冲击作用，经过分析计算，可以近似简化得到：对上部浮体的冲击力约为 80t，海面以下延伸 10m，此作用面上冲击力约为 20t。根据以上条件，按最大受力对导向柱进行分析：受到约 80t 的冲击力，两端固定。外径 500mm，壁厚 34mm。

图 6-17 所示为导向柱应变图，图 6-18 所示为导向柱应力分布图。由图可以看到，在极端工况下受到 80t 的冲击力时，最大形变为 5.3mm，最大应力为 118MPa，符合设计要求，可以使用。

（3）浮体

浮体分析时按极端工况下受力分析：受到约 80t 的冲击力，一端固定。图 6-19 所示为浮体应变图，图 6-20 所示为浮体应力分布图。由图可知，在极端工况下受到 80t 的冲击力时，最大形变小于 1mm，最大应力为 5.4MPa，具有足够的安全性，满足设计要求。

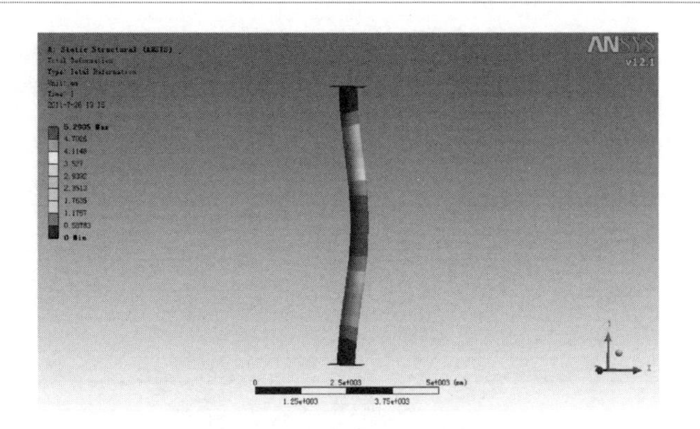

图 6-17　导向柱应变图

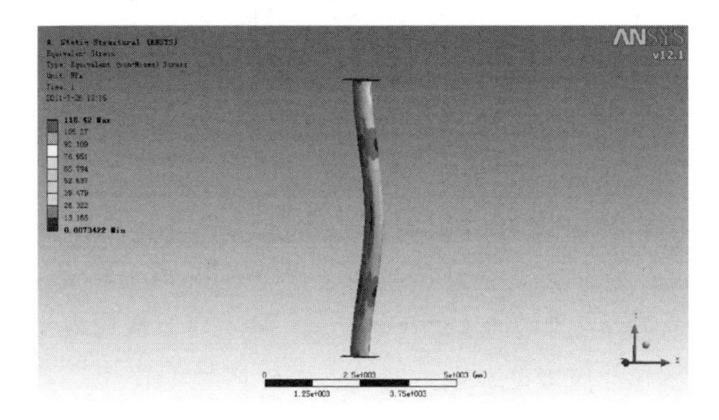

图 6-18　导向柱应力分布图

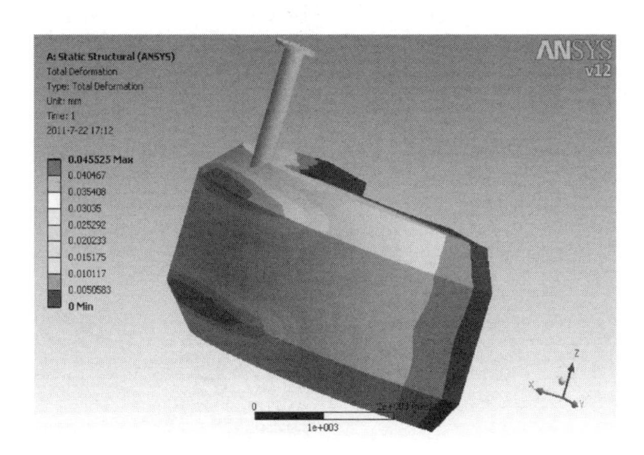

图 6-19　浮体应变图

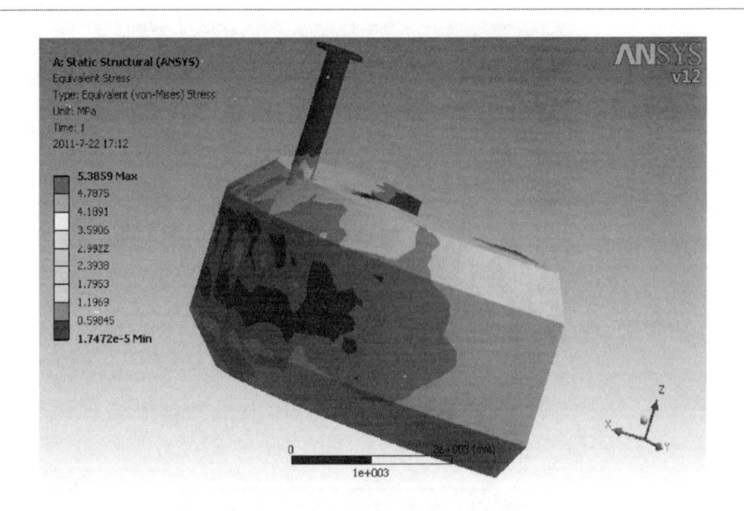

图 6-20 浮体应力分布图

(4) 主浮筒

图 6-21 所示为分析时所施加的载荷及其分布位置。主浮筒壁厚为 12mm。图 6-22 为主浮筒应变图，图 6-23 为主浮筒应力分布图。由图可知，此时最大形变量约为 0.5mm，最大应力值约为 46MPa，两者最大值均出现在浮筒上部。由于此时考虑导向柱的作用，主浮筒的刚性有所增强，应力值有所减小，结果符合设计要求。

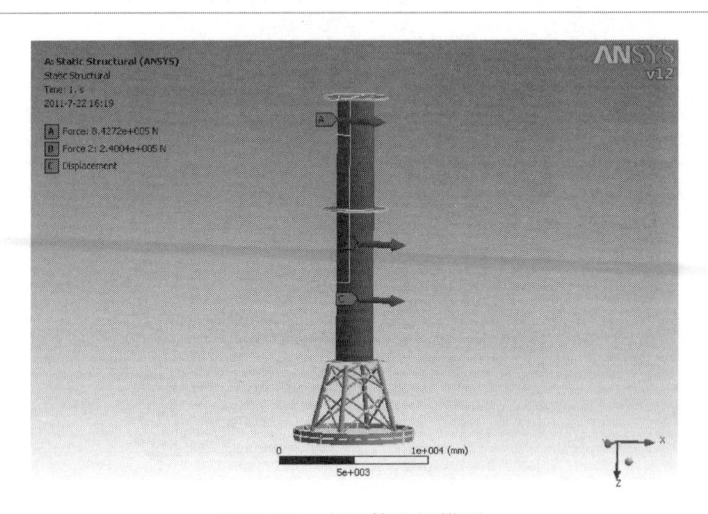

图 6-21 主浮筒分析模型

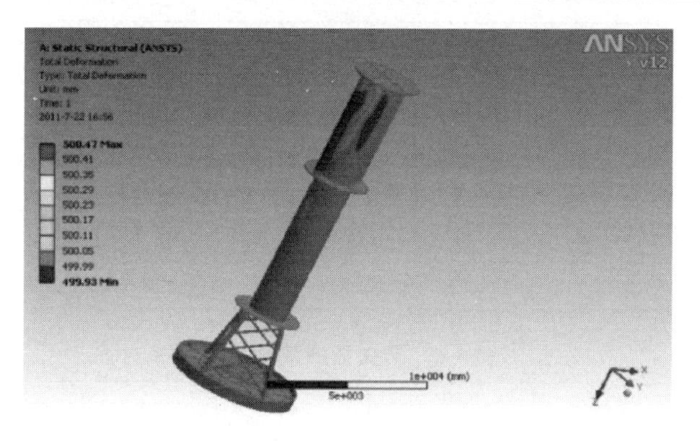

图 6-22 主浮筒应变图

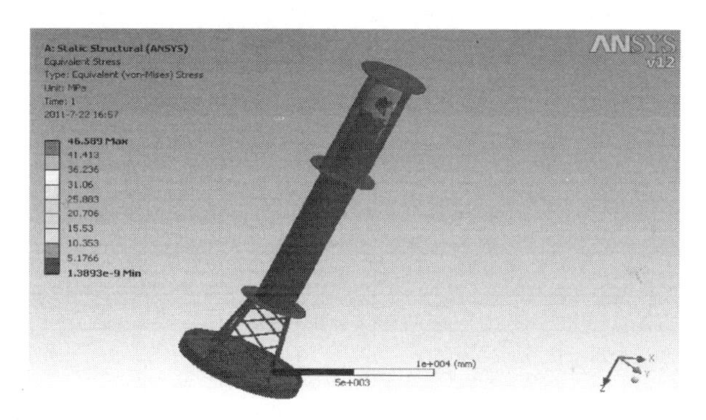

图 6-23 主浮筒应力分布图

6.6 比例模型试验、发电量测试及参数修正

以现有漂浮式液压波浪能发电装置样机为原型作为理论计算仿真的原型，装置的主要参数如表 6-4 所示。现有海驴岛附近海域的波浪资料如表 6-5、表 6-6 所示。

表 6-4 现有装置的主体参数

部件	浮体	调节舱	发电室	主浮筒	导向柱	底架
最大直径/mm	6000	2500	3000	9938	520	7050
最大高度/mm	1600	4040	5092	2000	7100	5378
质量/t	17.528	9.66895	8.7907	13.69	12.49	27.668

表 6-5 海驴岛附近海域各向最大波高极值的分布

Ⅰ区	方向	N	NNE	NE	ENE	E	ESE	SE	SSE
	H_{max}/m	5.6	6.6	7.2	4.1	5.5	3.5	5.0	2.7
Ⅱ区	方向	N	NNE	NE	ENE	E	ESE	SE	SSE
	H_{max}/m	2.0	2.6	2.7	3.0	1.6	2.0	2.0	2.6
Ⅲ区	方向	N	NNE	NE	ENE	E	ESE	SE	SSE
	H_{max}/m	2.0	2.6	2.7	3.0	3.6	2.0	2.0	2.6

表 6-6 历史波高周期联合概率分布

T/s H/m	3	4	5	6	7	8	9	10	11	12	13	14	总和
0.25	0.0327	0.1636	0	0	0	0	0	0	0	0	0	0	0.1963
0.5	3.4347	12.267	4.9068	0.4253	0	0	0	0	0.0327	0	0	0	21.066
1	1.93	14.884	21.851	11.22	2.3553	0.4253	0.3271	0.0981	0.0327	0	0	0	53.124
1.5	0.0327	0.5561	3.5002	5.5283	3.7291	0.8832	0.3925	0.2617	0.1963	0	0	0	15.08
2	0	0.0327	0.4253	2.0281	2.2898	0.8832	0.1636	0.458	0.0981	0	0.0654	0	6.4442
2.5	0	0	0	0.3598	0.8832	0.9159	0.2290	0	0.0981	0.0654	0	0	2.5514
3	0	0	0	0	0.3925	0.3598	0.1963	0.0327	0	0	0	0.0654	1.0467
3.5	0	0	0	0	0	0.1308	0.1963	0	0	0	0	0	0.3271
4	0	0	0	0	0	0.0327	0.0654	0.0327	0	0.0327	0	0	0.1635
总和	5.4302	27.903	30.684	19.562	9.65	3.631	1.5702	0.8832	0.458	0.0981	0.0654	0.0654	100

由表可知，示范海域的波浪周期主要集中于 3～11s 范围，对应的圆频率为 0.57～2.09rad/s。

(1) 实验设备

本次实验在哈尔滨工程大学船模拖曳水池进行，如图 6-24 所示，水池长 108m，宽 7m，水深 3.5m，水池主要设备包括以下几部分。

① 摇板式造波机：能够在水池生成周期 0.4～4s、最大波高 0.4m 的规则波，模拟 ITTC 单参数和双参数谱、JONSWAP 谱、P-M 谱、实际海浪采样谱等，有义波高可达 0.32m 的不规则波，如图 6-25 所示。

② 消波岸：位于造波机另一端，消波效果良好。

③ 拖车：横跨水池，用于放置测试仪器，安装实验模型。

④ 数据自动采集及实时分析系统。

图 6-24 哈尔滨工程大学船模拖曳水池

图 6-25 摇板式造波机

（2）测量仪器

本次实验需要测量浮筒与浮体各自的运动以及二者的相对运动、模型装置的输出电压和电流。为实现上述测量，在实验过程中用到以下测量仪器。

① 非接触式六自由度运动测量系统　通过摄像设备和 Qualisys Track Manager 软件准确地记录和分析物体实时的六自由度运动。在测量过程中，不需要接触运动物体，通过摄像设备从两个角度捕获物体的运动，并通过软件实时显示物体的 2D、3D 和 6D 的影像信息，通过软件计算分析获取物体的位移、速度和加速度等信息。图 6-26 所示为系统的软件界面。

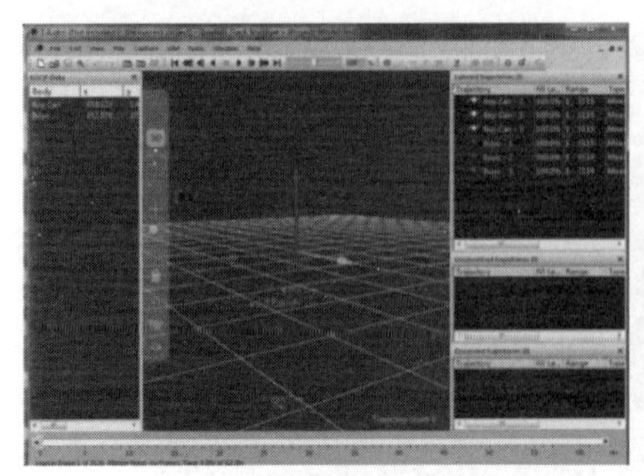

(a) 6D显示界面 (b) 物体运动位移实时显示界面

图 6-26 测量系统软件界面

② 交流/直流转换模块 由于发电机输出的电流为交流电，为了能够用数据采集系统采集发电机的电流和电压，项目组开发了交流/直流转换模块，将交流电转换为直流电。

③ 浪高仪 安装在拖车上，用于对波浪的实时测量。

④ 电阻箱 作为发电机输出负载。

(3) 相似准则

表 6-7 所示为与本实验相关的相似准则对照表，表中 λ 为模型线性缩尺比，γ 为海水和淡水密度之比，通常取 $\gamma=1.025$。

根据原型装置的主尺度以及水池的尺度，本次实验的缩尺比为 10∶1。

表 6-7 本实验相关的相似准则对照表

物理量	实体符号	模型符号	转换系数
线尺度	L_s	L_m	$\frac{L_s}{L_m}=\lambda$
面积	A_s	A_m	$\frac{A_s}{A_m}=\lambda^2$
体积	∇_s	∇_m	$\frac{\nabla_s}{\nabla_m}=\lambda^3$
周期	T_s	T_m	$\frac{T_s}{T_m}=\lambda^{1/2}$
频率	f_s	f_m	$\frac{f_s}{f_m}=\lambda^{-1/2}$
密度	ρ_s	ρ_m	$\frac{\rho_s}{\rho_m}=\gamma$
线速度	V_s	V_m	$\frac{V_s}{V_m}=\lambda^{1/2}$
线加速度	a_s	a_m	$\frac{a_s}{a_m}=1$

续表

物理量	实体符号	模型符号	转换系数
角度	ϕ_s	ϕ_m	$\frac{\phi_s}{\phi_m}=1$
质量(排水量)	Δ_s	Δ_m	$\frac{\Delta_s}{\Delta_m}=\gamma\lambda^3$
力	F_s	F_m	$\frac{F_s}{F_m}=\gamma\lambda^3$
弹性系数(刚度)	K_s	K_m	$\frac{K_s}{K_m}=\gamma\lambda^2$

(4) 实验模型

① 波浪的主要特征参数　表6-8列出了示范海域波浪的主要特征参数及其与模型的对照。

表6-8　波浪主要特征参数

参数	实型	模型
水深/m	40	3.5
1/10波高/m	1.36	0.136
1/3波高/m	1.12	0.112
1/10大波平均周期/s	6.82	2.16
1/3波平均周期/s	5.99	1.89
平均波高/m	0.84	0.084
平均周期/s	4.94	1.56
波高范围/m	0.25～4	0.025～0.4
周期范围/s	2～14	0.63～4.42

② 模型制作　根据理论分析和初步优化的结果设计实验模型，模型的主体参数及其与实型的对照如表6-9所示，根据表中的参数设计图纸并制作模型。

表6-9　模型参数

参数名称	实型	模型
装置总高度/m	24.6	2.46
浮体最大直径/m	6	0.6
	7.5	0.75
浮筒最大直径/m	3	0.3
系泊线长度/m		2.1
浮筒、阻尼板及内部机构总质量/kg	77798	75.9

续表

参数名称	实型	模型
浮筒排水量/kg	127100	124
浮筒水上部分高度/m	3.5	0.35
浮筒水下部分高度/m	21	2.1
浮筒底部距池底的距离/m		1.4
系泊刚度/(N/m)	8400	84
装机容量/kW	110	0.011

a. 浮筒。实验中仅设计了一个浮筒模型，其结构和尺寸按照山东大学 120kW 漂浮式海浪发电站的浮筒结构而设计，实验的尺寸为原型尺寸的 1/10。浮筒、底架以及内部机构的总质量设计为 75.9kg，按照相似准则，原型装置的总质量为 77798kg。

b. 浮体。实验将测试浮体的尺寸和质量对装置能量输出的影响，因此设计了两种尺寸的浮体模型，分别为 0.6m 和 0.75m，本次实验制作了直径 0.6m 的浮体模型，0.75m 的浮体模型通过制作环形柱体并将其套于 0.6m 的浮体上来实现，浮体设计为中空的形式，通过向浮体中添加压载来改变浮体的质量。

c. 系泊系统。本次实验主要测试系泊系统的刚度对装置能量输出的影响，因此系泊系统利用尼龙线来代替实际的锚链，采用张紧式系泊方式，利用弹簧模拟锚链的刚度。

d. 发电机。发电机采用三相直线电机，电机的输出电流通过交/直流转化模块转化为直流电输出到数据采集系统，电机的额定功率为 120W。

图 6-27 和图 6-28 所示为模型和电机的照片。

图 6-27 模型照片

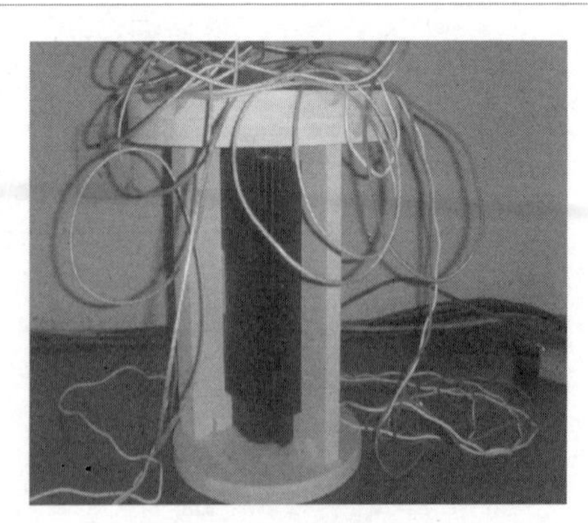

图 6-28 电机照片

（5）模型安装

① 模型布置　模型布置于水池中间位置，模型中心距离池壁各3.5m，采用三点张紧式系泊方式，在模型端系泊线通过底部垂荡板的小孔固定于垂荡板上，呈等边三角形分布，系泊线与竖直方向的夹角为45°，具体参数如表6-10所示。

表6-10　模型初始布置参数

参数名称	数值
浮筒水下部分长度/m	2.1
浮筒水上部分长度/m	0.36
系泊线总长度/m	1.98
系泊线与垂直方向夹角	45°
浮筒压载重量/kg	41
浮体压载重量/kg	0、1.5、3、4.5
模型中心距池壁的距离/m	3.5
系泊线预张力/N	90.7
单个系点重块重量(3个系点)/kg	100

图6-29所示为系点在水池池底的分布图。

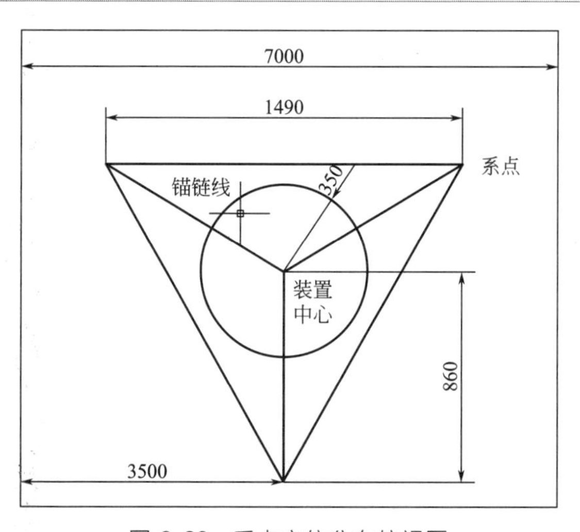

图6-29　系点方位分布俯视图

② 无链浮态调整　浮筒在静水状态排水量为124kg，因此，在无链状态下，浮筒的质量应达到124kg。浮筒模型、底架以及电机的总质量为

34.9kg，需往浮筒内添加 89.1kg 的压载，使浮筒保持预设的浮态，然后连接系泊线，待系泊线连接完成之后取出多余的压载，调节系泊线的预张力，使浮筒的浮态达到设计要求。

③ 系泊线连接　系泊线用尼龙绳代替，弹簧模拟锚链的刚度，利用拉力传感器测量锚链力，系泊线一端系于模型的底架，另一端通过 100kg 的砝码固定于水池底部，系点的分布如图 6-29 所示，系泊线、弹簧以及拉力传感器的连接方式如图 6-30 所示。砝码上另外系 4.2m 长的线以调整砝码的位置。

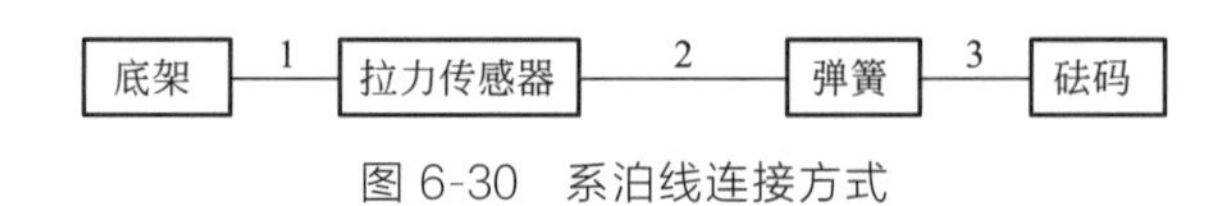

图 6-30　系泊线连接方式

图 6-30 中的数字表示各段系泊线的标号，系泊线长度及弹簧刚度以及与张力的参数如表 6-11 所示。

表 6-11　系泊线各段长度

参数名称	参数值
1 号线长度/m	0.2
2 号线长度/m	0.82
3 号线长度/m	0.35
弹簧长度/m	0.61
总长度/m	1.98
弹簧刚度/(N/m)	84
预张力/N	90.7

模型安装完毕之后的照片如图 6-31 所示。

(a) 浮体半径0.6m时的照片

(b) 侧面照片

(c) 浮体半径0.75m时的照片

图 6-31 模型安装完成之后的照片

(6) 实验工况

① 波浪条件 波高和周期如表 6-12 和表 6-13 所示。

表 6-12 波高

类型	波高		
	编号	模型参数/m	实型参数/m
规则波	1	0.08	0.8
	2	0.12	1.2
不规则波(JONSWAP 谱)	1	0.112	1.12

表 6-13 波浪周期

类型	周期		
	编号	模型参数/s	实型参数/s
规则波	1	0.8	2.5
	2	1	3.2
	3	1.2	3.8
	4	1.4	4.4
	5	1.6	5.1
	6	1.8	5.7
	7	2.0	6.3
	8	2.2	7.0
	9	2.4	7.6
	10	2.6	8.2
	11	2.8	8.9
	12	3.0	9.5
不规则波(JONSWAP 谱)	1	1.89	5.99

② 模型参数设置　如表 6-14 所示。

表 6-14　模型参数设置

浮体直径/m		浮体质量/kg		浮筒质量/kg		垂荡板直径/m		电阻	
模型	实型	模型	实型	模型	实型	模型	实型	编号	阻值/Ω
0.6	6	11.25	11531	75.9	77797	0.705	7.05	1	10
								2	20
								3	50
								4	100
								5	500
		12.75	13069	75.9	77797	0.705	7.05	1	50
		14.25	14606	75.9	77797	0.705	7.05	1	50
		15.75	16144	75.9	77797	0.705	7.05	1	50
0.75	7.5	19.6	20090	75.9	77797	0.705	7.05	1	10
								2	20
								3	50
								4	100

(7) 实验过程与数据分析

本次实验主要包括规则波实验和不规则波实验，测量的物理量包括浮体与浮筒的运动、模型装置的输出电压和电流并计算输出功率。通过规则波实验研究波高和周期对浮体与浮筒运动、能量输出的影响规律，通过不规则波实验研究装置在随机海况下的运动与能量输出。

① 实验数据采集

a. 浮体与浮筒的运动。在浮筒与浮体上各安装三个光球，各个球分别安装在不同高度位置，利用两个不同角度的高精度摄像设备捕捉光点的位置并通过线缆传输到安装有 Qualisys Track Manager 软件的计算机，软件以浮筒和浮体的中心位置为随体坐标系的原点，分别建立两个空间直角坐标系，软件实时记录光点的位置并通过分析将其转化为坐标，依此来描述浮筒和浮体的运动情况。图 6-32 所示为安装于模型上的光球。

b. 输出电压与电流。实验采用的发电机为三相交流直线电机，采用数据采集系统采集电压和电流，由于数据采集系统只能采集直流电，因此在进行电压电流的采集之前使用交/直流转换模块将三相交流电转换为直流电，然后连接电阻，利用数据采集系统硬件［见图 6-33(a)］采集电阻两端的电压和流经电阻的电流，利用数据采集系统软件［见图 6-33(b)］实时显示和记录电压和电流。

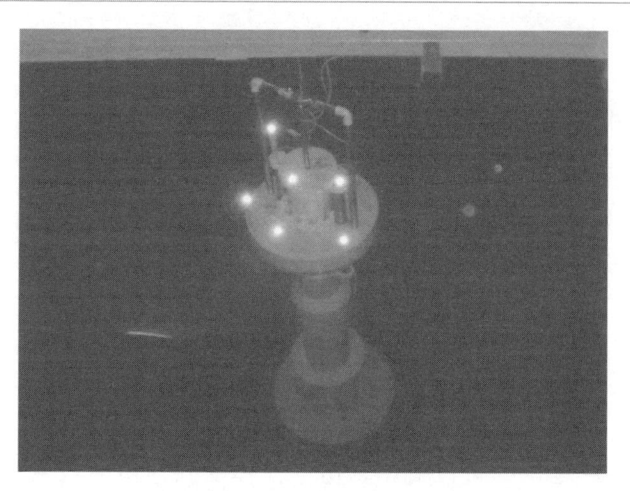

图 6-32 安装于模型上的光球

(a) 数据采集系统硬件

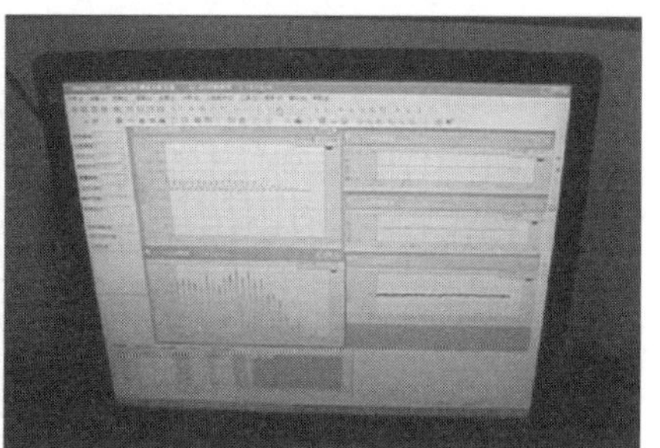

(b) 数据采集系统软件界面

图 6-33 数据采集系统

② 数据分析

a. 波高对浮体和浮筒运动的影响。其他参数保持不变，比较波高为0.08m和0.12m时浮筒与浮体的位移情况。这里不变参数如表6-15所示。从图6-34可以看出，系泊状态下，浮筒的运动呈不规则的振荡，振幅较小，以0.08m波高为例，浮筒的平均振幅约为8mm，为波高的1/10，当波高变为0.12m时，浮筒的平均振幅也有微小的增加，约为12mm。

表 6-15 不变参数

浮体半径/m	浮体质量/kg	周期/s	电阻/Ω
0.6	11.25	1.4	50

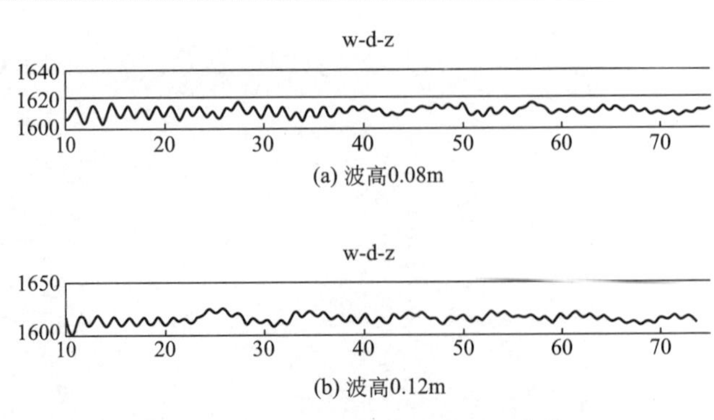

(a) 波高0.08m

(b) 波高0.12m

图 6-34 浮筒的垂直位移时历曲线

从图 6-35 可以看出，由于浮体受到浮筒的约束而只有单自由度运动，其位移时历曲线呈现比较规则的运动，整体上来说与波浪的振动趋势相似。当波高为 0.08m 时，浮体的平均位移振幅约为 0.06m，当波高为 0.12m 时，浮体的平均位移振幅约为 0.09m，综合两种情况，浮体的位移振幅约为波高的 3/4，远大于浮筒的位移振幅，浮体与浮筒具有较大的相对运动，随着波高增加，二者的相对运动振幅也相应地增加(图 6-36 所示为两种波高条件下浮筒与浮体的相对位移和相对速度)，这说明通过锚泊定位的漂浮式波浪能发电装置具有一定的发电能力，而且随着波高的增加，发电能力逐渐增强。

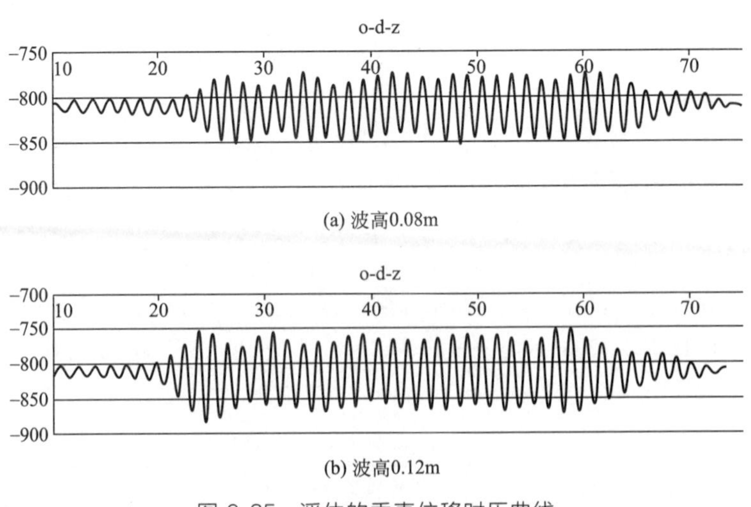

(a) 波高0.08m

(b) 波高0.12m

图 6-35 浮体的垂直位移时历曲线

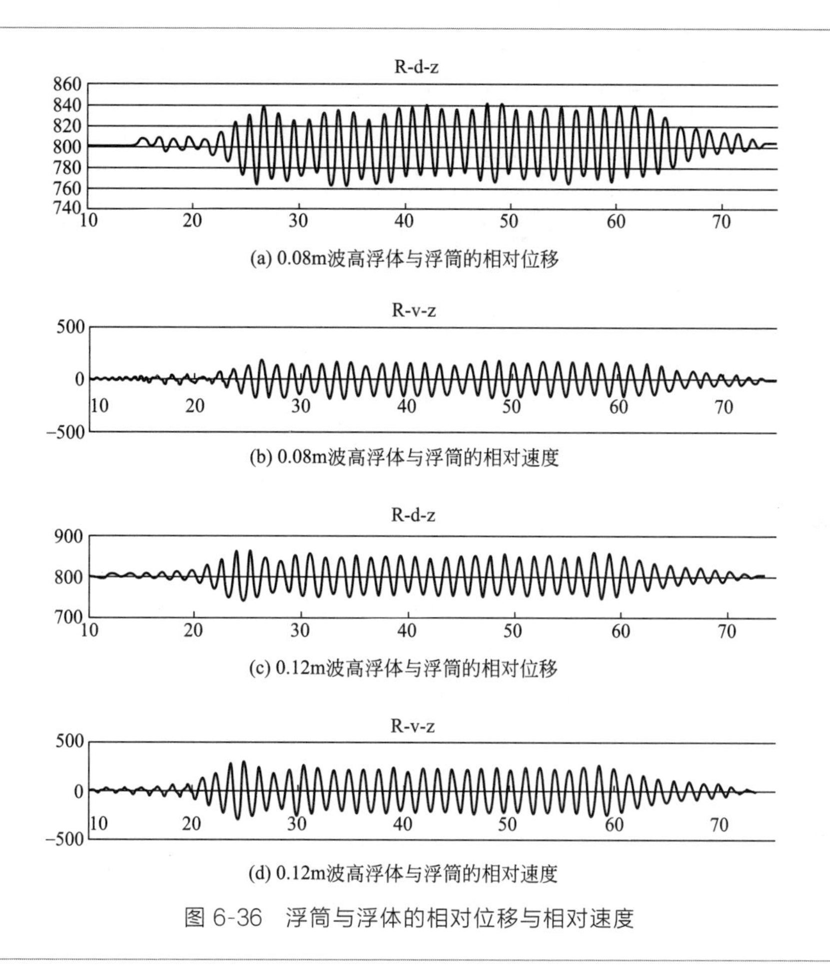

(a) 0.08m波高浮体与浮筒的相对位移

(b) 0.08m波高浮体与浮筒的相对速度

(c) 0.12m波高浮体与浮筒的相对位移

(d) 0.12m波高浮体与浮筒的相对速度

图 6-36 浮筒与浮体的相对位移与相对速度

b. 波高对能量输出的影响。下面分析其他条件不变，波高改变时模型装置能量输出的变化情况。这里针对直径 0.06m、重 11.25kg 的浮体进行实验，为了更全面地了解波高的影响，在多种周期条件下分析波高对能量输出的影响。图 6-37 所示为两种波高条件下装置的功率曲线和效率曲线。

从图 6-37 可以看出，在高频部分（即周期较小的区域，低于 1.4s），波高较大时其能量转化效率远高于波高较小的条件，而在低频部分（即周期较大的区域，高于 1.4s），波高较大时，装置的输出功率略高，而其转换效率略有降低。从图中可以看出，周期在 0.8～2.0s 是装置吸收能量的主要范围，它对应实际海域的 2.5～6.3s，在这一范围之内，波高越高，装置的输出功率越高，能量转换效率也越高。

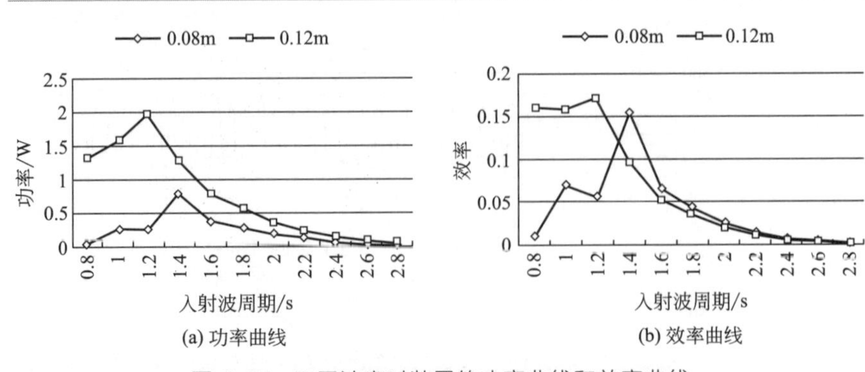

(a) 功率曲线
(b) 效率曲线

图 6-37 不同波高时装置的功率曲线和效率曲线

c. 浮体的质量对浮筒与浮体的运动影响。由理论分析可知，在浮体和浮筒直径不变的条件下，浮体与浮筒质量的比值对装置的能量输出具有一定的影响。为了研究该影响规律，实验中通过向浮体中添加不同质量的压载来改变浮体的质量，进而比较不同质量比的条件下浮筒与浮体的运动规律以及装置的能量输出规律。表 6-16 和表 6-17 分别为实验的不变参数和可变参数。

表 6-16 不变参数

浮筒质量/kg	波浪周期/s	波高/m	电阻/Ω
75.9	0.8～3.0	0.12	50

表 6-17 可变参数

浮体质量/kg	11.25	12.75	14.25	15.75
质量比	0.148	0.168	0.188	0.208

当浮体的质量不同，入射波周期为 1.4s 时浮筒的运动位移的时历曲线如图 6-38 所示。可以看出，改变浮体的质量，浮筒的垂直位移有非常微小的改变，这是由于当浮体质量增加时，浮体的运动发生改变，导致电动机的电磁阻尼增加，电磁阻尼作用于浮筒增加了浮筒的垂向位移振幅。由于波浪阻尼的作用，使得浮筒位移振幅的增加幅度非常小。

接下来分析浮体质量增加时，浮筒与浮体相对位移的变化情况。由图 6-39 可以看出，当浮体的质量改变时，浮体与浮筒的相对位移振幅的改变非常微小，几乎没有变化。这说明，改变浮体的质量不会影响浮体的行程。

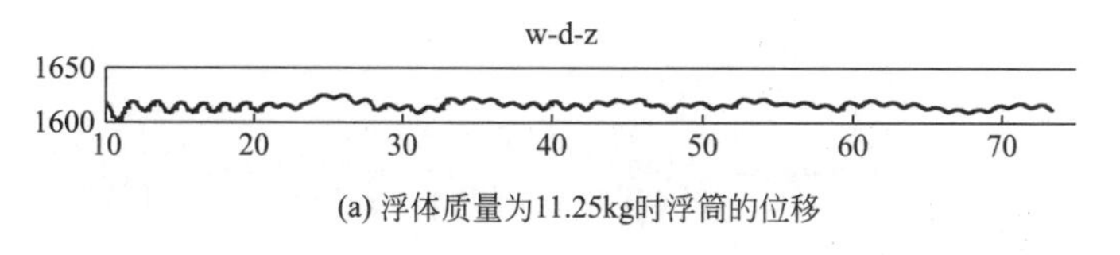

(a) 浮体质量为11.25kg时浮筒的位移

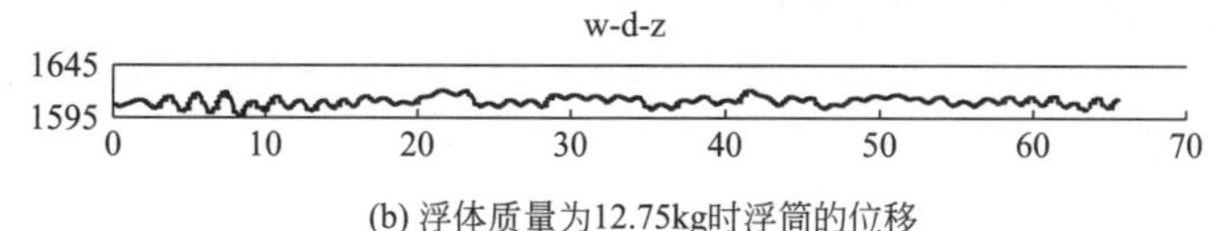

(b) 浮体质量为12.75kg时浮筒的位移

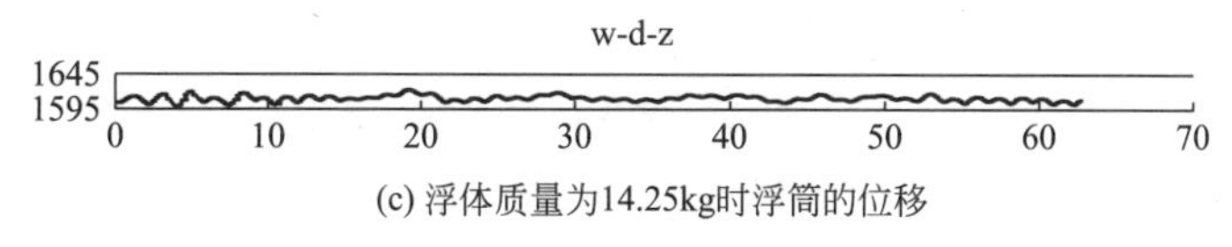

(c) 浮体质量为14.25kg时浮筒的位移

图 6-38 浮体质量不同时浮筒位移

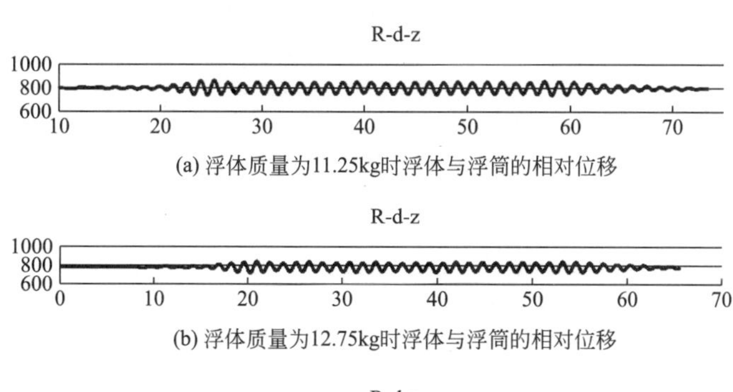

(b) 浮体质量为12.75kg时浮体与浮筒的相对位移

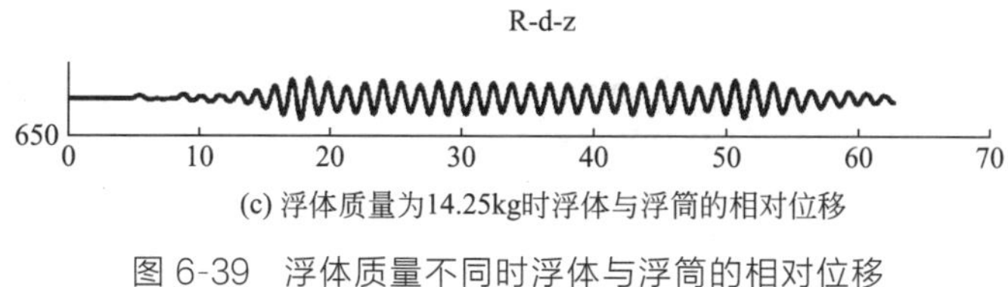

(c) 浮体质量为14.25kg时浮体与浮筒的相对位移

图 6-39 浮体质量不同时浮体与浮筒的相对位移

下面分析二者相对速度的变化情况。由图 6-40 可知，在一定范围内当浮体质量不同时，浮体与浮筒的相对速度的幅值改变非常微小，几乎没有变化，整体上略高于 0.2m/s，但浮体质量不同会导致浮体速度相同的情况下，其能量不同，质量越大，吸收的波浪能量越大。

d. 浮体质量对模型装置能量输出的影响。针对直径 0.06m 的浮体进行实验，波高为 0.12m，电阻为 50Ω。图 6-41 所示为不同浮体质量条件下装置的功率曲线和效率曲线。

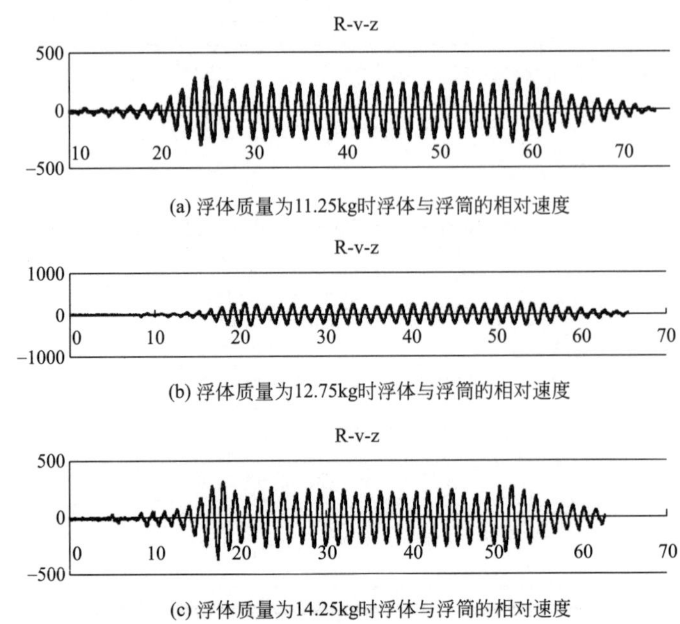

(a) 浮体质量为11.25kg时浮体与浮筒的相对速度

(b) 浮体质量为12.75kg时浮体与浮筒的相对速度

(c) 浮体质量为14.25kg时浮体与浮筒的相对速度

图 6-40 浮体质量不同时浮体与浮筒的相对速度

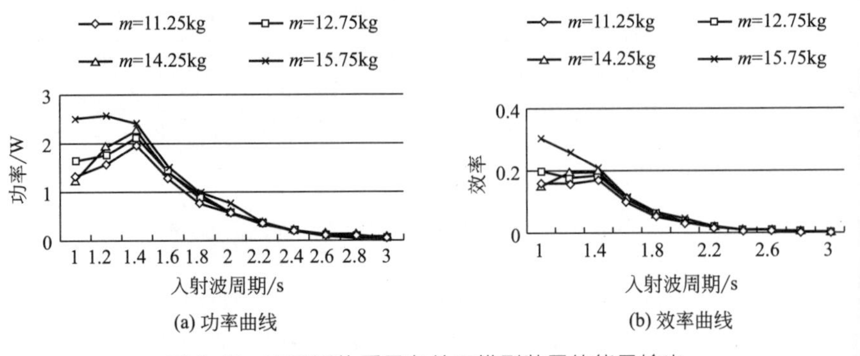

(a) 功率曲线

(b) 效率曲线

图 6-41 不同浮体质量条件下模型装置的能量输出

由图 6-41 可看出，在入射波周期小于 1.4s 时，质量的改变对模型装置的能量输出具有较明显的影响，尤其在 1.4s 周期附近，在 11.25～15.75kg 的浮体质量范围内，随着浮体质量的增加，装置的输出功率和效率增加，能量转换效率一般可达到 20%左右，当浮体质量为 15.75kg 时，模型装置的能量转换效率最高达到 30%，具有较高的转换效率。通过缩尺比换算，实验中转换效率在 10%以上的入射波周期为 1.0～1.6s，它所对应的原型的周期为 3.16～5.06s，为示范海域波浪周期出现概率较大的范围，对于原型装置的设计具有实际的指导意义。

e. 电磁阻尼对能量输出的影响。实验中通过调节电阻阻值来改变电机的电磁阻尼，经过测试，外接电阻越大，阻尼越小。下面针对相同的浮体以及波高分析电磁阻尼对装置能量输出的影响，表 6-18 和表 6-19 分别为不变参数和可变参数，图 6-42 所示为电磁阻尼不同时装置的能量输出。

表 6-18 不变参数

浮体直径/m	浮体质量/kg	波高/m
0.6	11.25	0.12

表 6-19 可变参数

序号	1	2	3	4	5
电阻/Ω	10	20	50	100	500

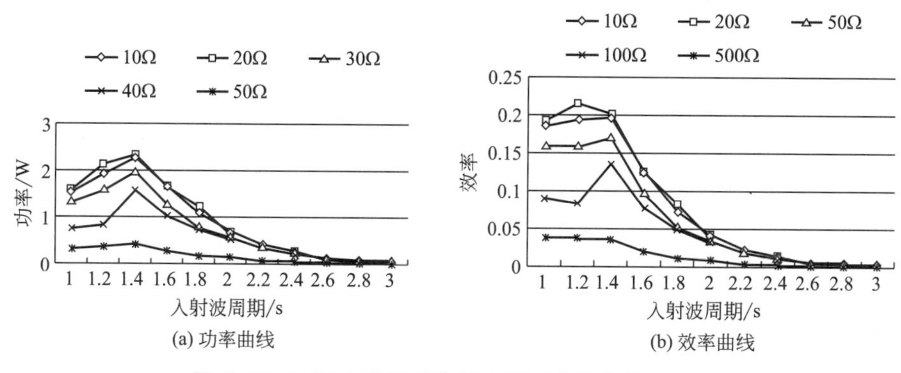

图 6-42 不同电磁阻尼作用下模型装置的能量输出

由图 6-42 可以看出，当入射波周期从 1～3s 时，在给定的电阻范围之内，装置输出功率的最大值点皆为 1.4s 周期，在 500～20Ω 范围内，随着电阻减小（即发电机的电磁阻尼增加），装置的输出功率增加，而当电阻继续减小至 10Ω（即电磁阻尼继续增加）时，装置的输出功率不再增加，而是开始减小。根据理论分析的结果，发电机电磁阻尼是影响装置输出功率的重要因素，如果装置的其他参数不变，在不同入射波频率条件下，存在与该频率相对应的最佳阻尼。从实验结果可以看出，在该模型的参数条件下，电阻为 20Ω 时所对应的电磁阻尼为实验周期范围内输出功率相对较高的阻尼值。

f. 浮子形状及半径对浮筒与浮体运动的影响。根据理论计算及优化的结果，设计了两种半径的浮体，分别为 0.6m 和 0.75m，其所对应的原型装置的尺寸分别为 6m 和 7.5m。根据理论分析及上述实验结果，可知对于半径为 0.6m 的浮体，当浮体质量为 15.75kg 时，装置的整体能量转换效率最高。采用相同的材料，对于半径为 0.75m 的浮体，质量为 19.31kg。两种浮体模型与原型尺寸和质量如表 6-20 所示。

表 6-20 浮体结构尺寸及质量

项目	模型					实型				
	上底面半径/m	下底面半径/m	圆柱高度/m	总高度/m	质量/kg	上底面半径/m	下底面半径/m	圆柱高度/m	总高度/m	质量/kg
浮体 1	0.6	0.5	0.11	0.16	15.75	6	5	1.1	1.6	16143
浮体 2	0.75	0.63	0.11	0.16	19.31	7.5	6.3	1.1	1.6	19796

首先分析在 1.4s 周期条件下，分别采用两种浮体时，模型装置的浮筒与浮体的相对运动情况，结果如图 6-43 所示。

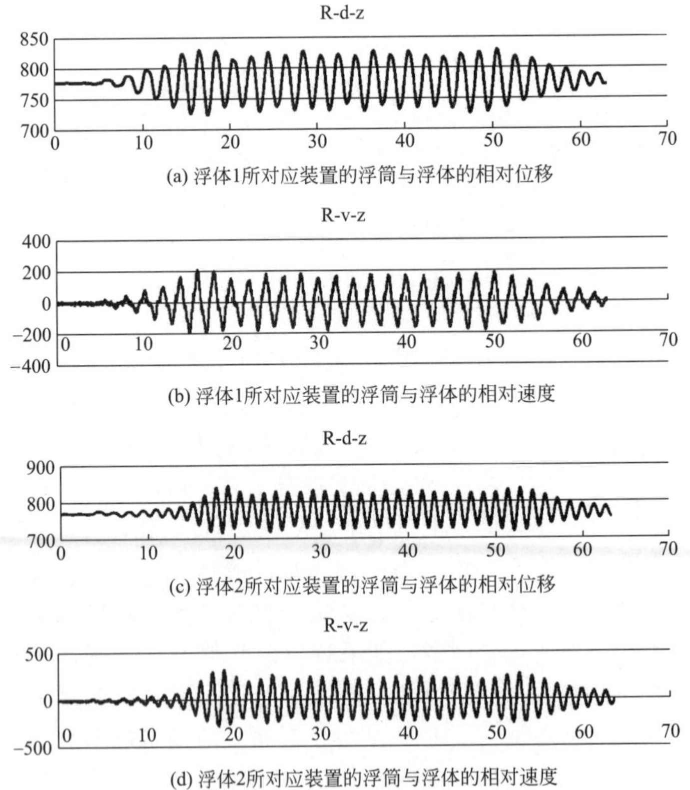

(a) 浮体1所对应装置的浮筒与浮体的相对位移

(b) 浮体1所对应装置的浮筒与浮体的相对速度

(c) 浮体2所对应装置的浮筒与浮体的相对位移

(d) 浮体2所对应装置的浮筒与浮体的相对速度

图 6-43 浮筒与浮体的相对运动时历曲线

比较上述两种浮体的运动情况可知，虽然浮体 2 的质量比浮体 1 的质量大，在波浪条件相同的情况下，浮体 2 的运动位移和速度的振幅皆比浮体 1 大，这是因为，浮体 2 的直径较大，导致其水线面积较大，因此作用于浮体 2 的波浪力和静水回复力也比较大，而且波浪力和静水回复力的增幅比质量的增幅更大，导致第二种情况下浮筒与浮体相对运动的加速度比第一种情况更大。从该实验结果可以看出，第二种情况下，浮体的功率更大。下面从能量输出的角度比较两种情况下的能量转换特性。

g. 浮子形状及半径对输出功率的影响。图 6-44 所示为模型装置分别采用前面所述的两种浮体时，装置的输出功率随入射波周期变化的曲线以及转换效率随周期变化的曲线。

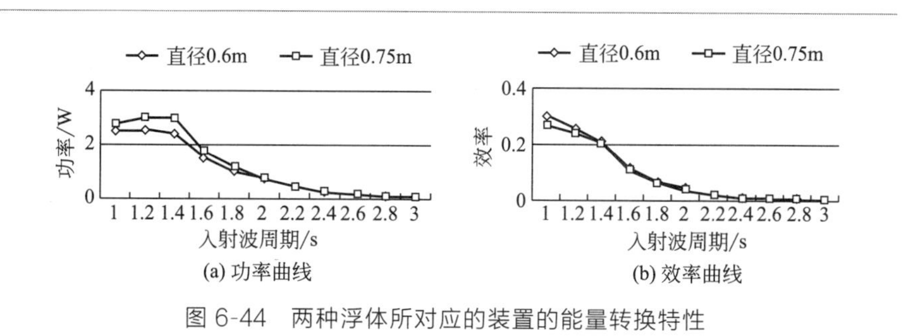

图 6-44 两种浮体所对应的装置的能量转换特性

根据实验结果比较，采用半径 0.75m 的浮体时装置的能量转换效率略低于采用半径为 0.6m 的浮体，但是由于浮体直径增加，装置的俘获宽度也相应地增加，当能流密度相同时，装置宽度内的入射波能量更高，从而出现了图 6-44（a）的结果，安装浮体 2 的装置其输出功率更高。根据成山头海域的波浪资料，该海域在 11、12 和 1 月份的能流密度最大，约为 7kW/m。

h. 启动工况。为了研究装置启动工况，针对 0.75m 浮体半径的模型，实验中选择能量转换效率较高的波浪周期 1.4s（对应原型的周期为 4.4s），分别在 0.03m 和 0.04m 的波高下进行启动工况实验。图 6-45 所示为装置分别在 0.02m 和 0.04m 波高条件下的运动和能量转换情况。

从实验结果来看，当波高为 0.02m，周期为 1.4s 时，浮体与浮筒的最大相对位移为 1cm，装置的输出功率约为 0.00034W，转换效率非常低，约为 0.06%，当波高为 0.04m 时，浮体与浮筒的最大相对位移为 3cm，装置的输出功率约为 0.061W，转换效率约为 2.9%，约为 0.02m 波高时的效率的 48 倍，具备了一定的发电能力。

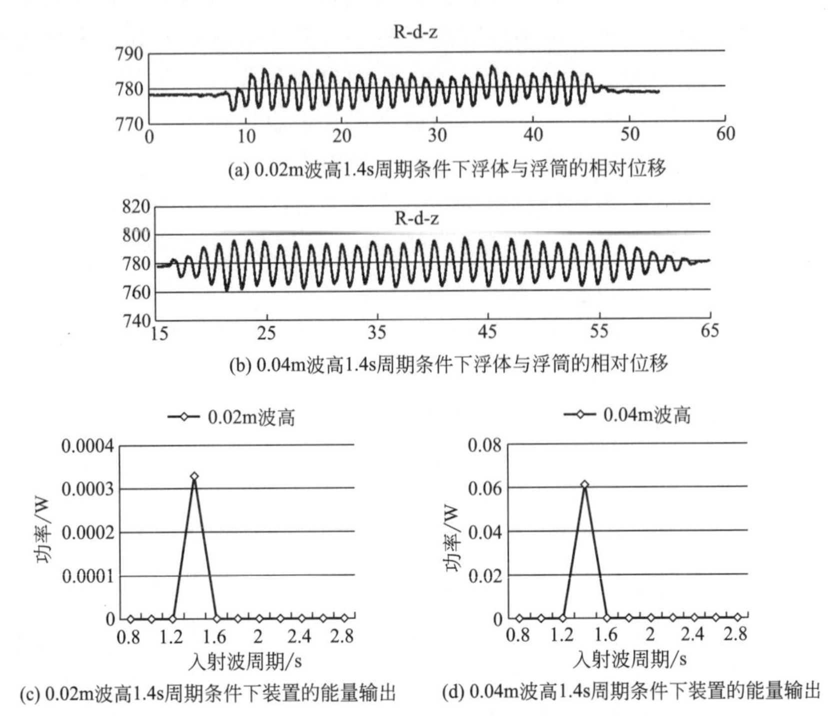

图 6-45　0.02m 和 0.04m 波高条件下的运动和能量转换情况

（8）总结

漂浮式波浪能发电装置是一个具有复杂结构的点吸式发电系统，它由浮体、浮筒以及锚泊系统构成，三者的运动相互耦合。在线性假设条件下，结合理论分析、数值计算以及模型实验对装置的水动力性能进行分析与优化，通过分析和实验，得到如下结论。

① 漂浮式波浪能发电装置的能量转换特性受到多方面因素的影响，包括液压系统的阻尼、锚泊系统的刚度、波浪的波高、波浪周期、浮体与浮筒质量的比例关系、浮体的直径等。

② 对同一装置而言，周期相同，波高越高，装置的能量转换效率越高；波高相同，装置的能量转换效率随波浪的周期呈先递增后递减的变化趋势，在某一周期附近，装置的转换效率最高。从实验可知，本实验模型在波浪周期为 1.4s 左右时，其能量转换效率最高，转化为实型装置对应的周期为 4.4s，与海驴岛海域的谱峰周期一致，符合实际需要。

③ 浮体质量与浮筒质量的比值对装置的能量输出具有影响，根据理论分析，当浮体质量与浮筒质量的比值约为 0.14 时，装置的能量输出最大。

由于该理论分析基于线性假设条件，并且只考虑浮体与浮筒的垂荡运动，没有考虑浮筒的横摇和纵摇，因此，该比值与实际情况具有一定的偏差，实验表明该比值为0.2左右时，装置的能量转换效率较其他情况更大。

④ 发电机的电磁阻尼或液压系统的阻尼也是装置能量转换效率的一个重要影响因素，根据理论计算，同一装置在不同的波浪周期下具有一个对应的最佳阻尼，在实际海洋环境中，根据实际海域的波能谱曲线来确定液压系统的阻尼范围。

⑤ 锚泊系统的刚度亦为装置能量转换特性的影响因素之一，根据理论分析结果，本实验采用84N/m的弹簧模拟锚链的刚度，装置具有较好的运动性能。根据缩尺比，转换为实型，锚链的刚度为8400N/m。

⑥ 根据实验结果，浮体的设计可以优化为7.5m直径。

⑦ 在小波高条件下，装置的转换效率非常低，实验中模型装置的启动波高为0.04m。

6.7 仿真模拟试验及参数修正

6.7.1 测试设备与仪器

为了能够在陆地上实时监控波浪能发电系统的运行情况，开发了波浪能发电无线测控系统，如图6-46～图6-50所示。实验过程中利用车间行车配合作业，如图6-51所示。

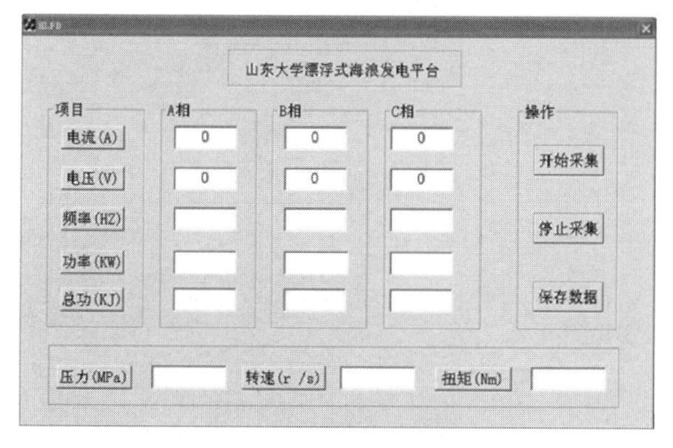

图6-46 数据采集界面

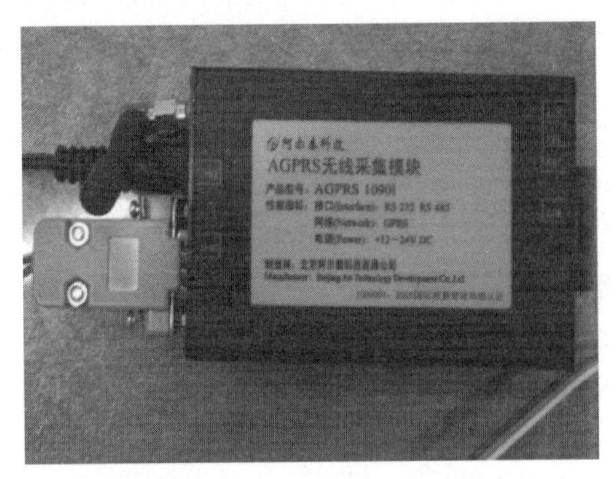

图 6-47　AGPRS 模块

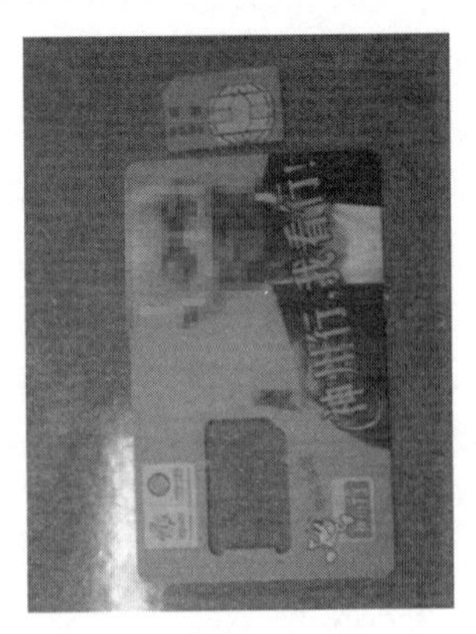

图 6-48　GSM 卡

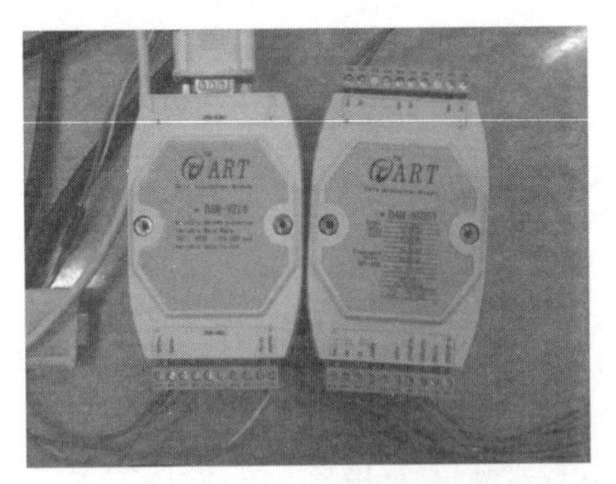

图 6-49　ART 采集模块图

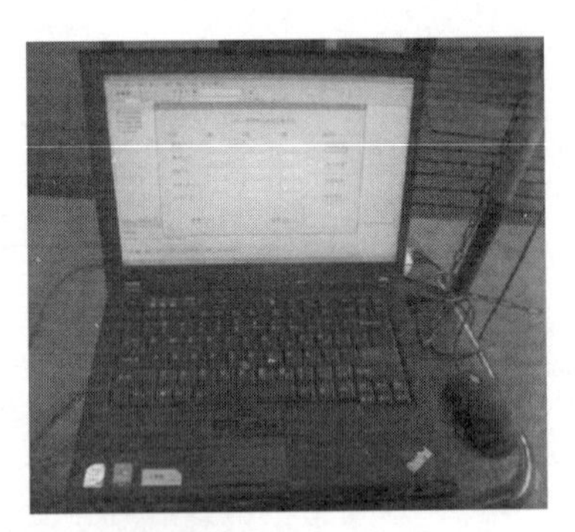

图 6-50　发电测控系统

图 6-51　行车与浮体配合的模拟发电实验

6.7.2 结果与分析

图 6-52 所示为发电情况的仪表显示，图 6-53～图 6-56 为部分测试曲线，测试条件：负载 25kW，行程 1.2m；浮体在行车作用下往返两次，上升 18.4s、下降 14.7s、上升 16.7s、下降 12.5s、停止后持续发电 31.6s。测试过程中液压系统的压力变化情况如表 6-21 所示。车间测试结果表明：海试样机各零部件加工装配完后，在车间进行各种相关测试，测试结果达到要求。

图 6-52 发电情况的仪表显示

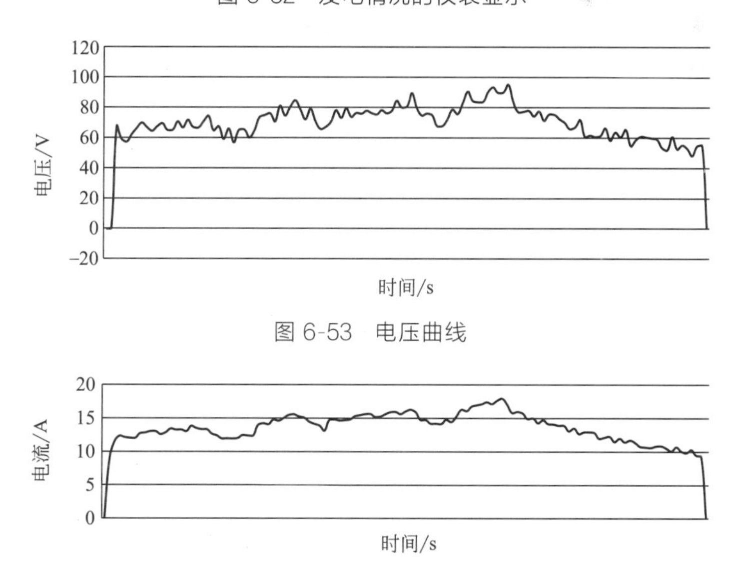

图 6-53 电压曲线

图 6-54 电流曲线

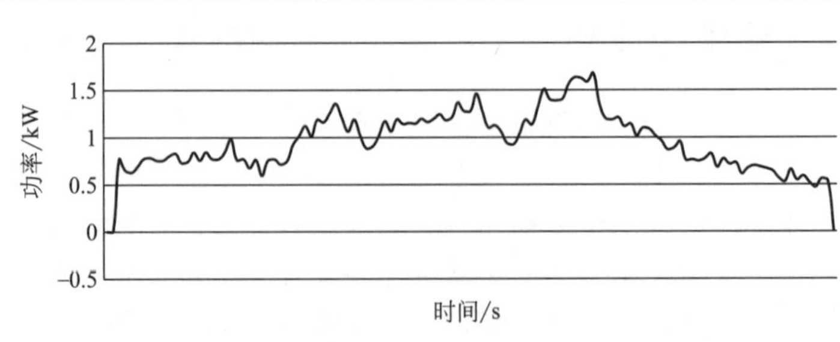

图 6-55 单相功率曲线

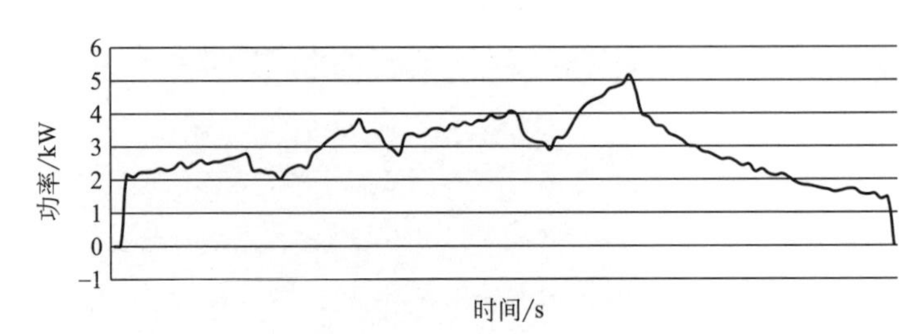

图 6-56 总功率曲线

表 6-21 压力变化情况

项目	时间/s	压力变化范围/MPa	平均压力/MPa
上升	18.4	5.5～7	6.5
下降	14.7	6.5～7.5	7
上升	16.7	7.5～8.5	8
下降	12.5	7.5～9	8.5
停止后持续发电	31.6	8～5.5	6.75

第7章

波浪能发电装置试验

7.1 陆地试验

7.1.1 陆地模拟实验平台

为了能够对液压波浪能发电站进行模拟实验研究，需构建液压波浪能发电模拟实验系统。图 7-1 所示为所构建的液压波浪能发电模拟实验系统原理图。为降低整个项目的风险，首先设计制造了一套额定功率为 15kW 的波浪能发电模拟实验平台。负载控制柜为落地式，可通过 10kW、5kW、2kW、2kW、1kW 五挡负载开关组合控制，具有电压、电流、功率、发电量、扭矩、转速等显示功能。该实验系统可实现长时间无人值守条件下的自动控制，为实际海况的应用奠定基础。

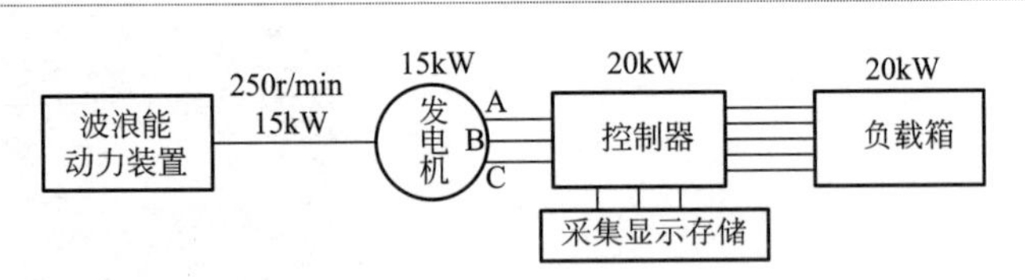

图 7-1 液压波浪能发电模拟实验系统框图

模拟实验平台的总体布局如图 7-2 所示，总装图如图 7-3 所示。图 7-4 为与发电机连接的测试仪器连接图，图 7-5 所示为波浪能发电模拟实验平台的实物照片。图 7-6 所示为实验平台的控制系统显示界面。

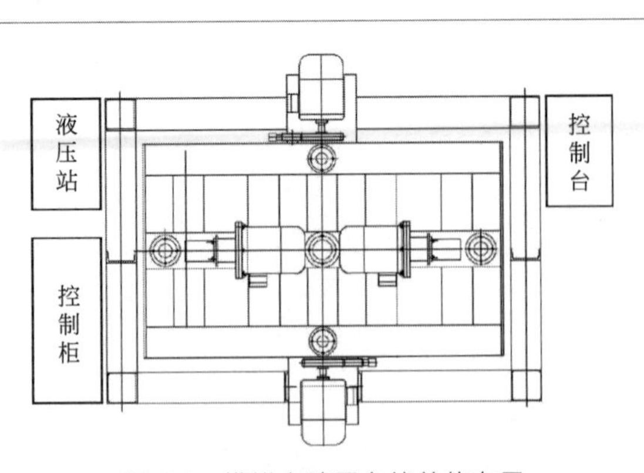

图 7-2 模拟实验平台的总体布局

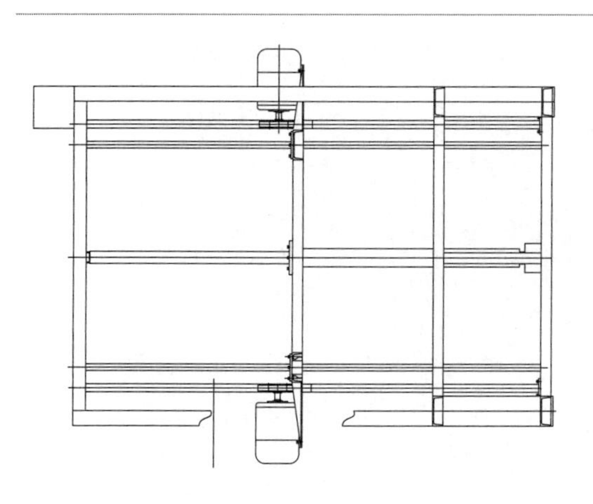

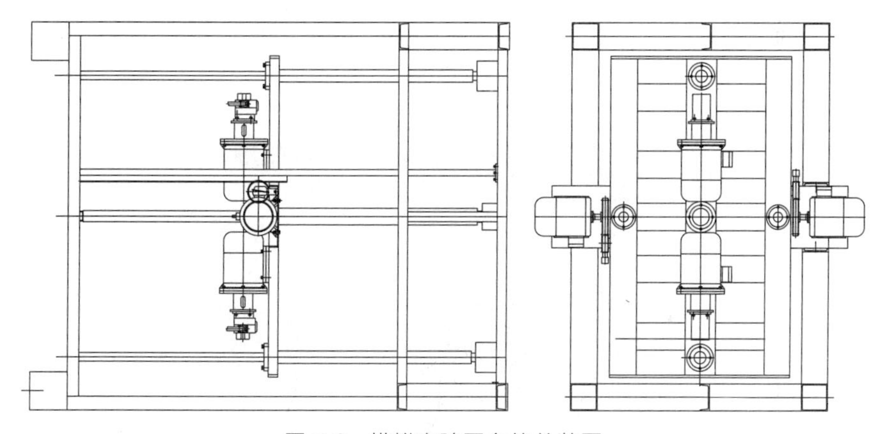

图 7-3　模拟实验平台的总装图

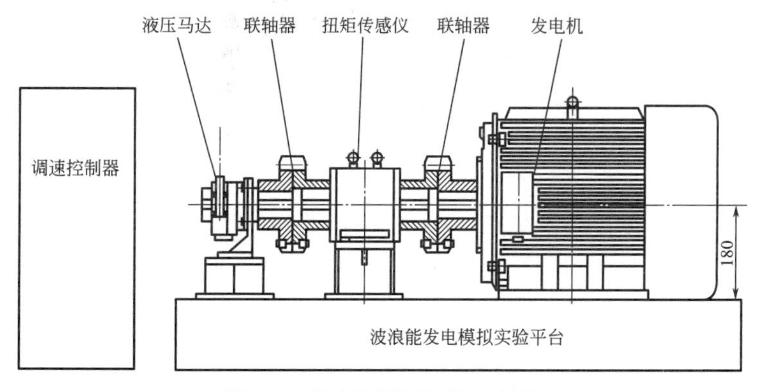

图 7-4　发电机测试仪器连接图

图 7-5 实验平台的实物照片

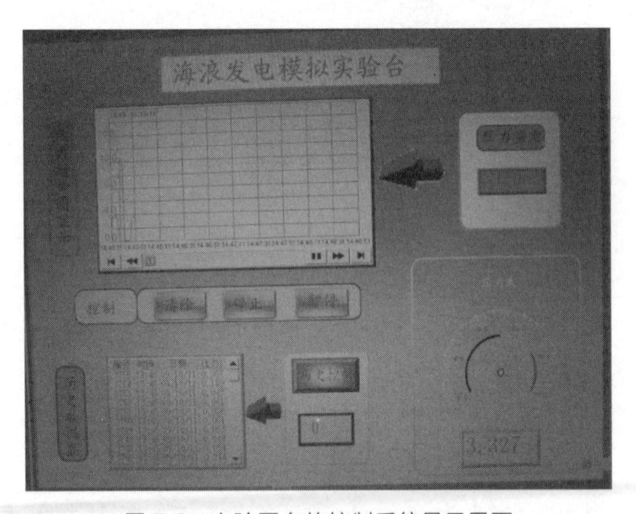

图 7-6 实验平台的控制系统显示界面

模拟实验系统的液压原理如图 7-7、图 7-8 所示。伺服阀 20 外接控制系统，控制系统向伺服阀输入海浪模拟信号，从而控制液压缸 26 的运动方向、速度等，实现对海浪运动的模拟。位移传感器 25、压力变送器 24 分别将位移信号和压力信号转变为电信号，反馈给系统控制器。蓄能器 13 起稳定系统压力、减少系统冲击的作用，溢流阀 17 调定系统压力，使系统工作在额定压力范围内。

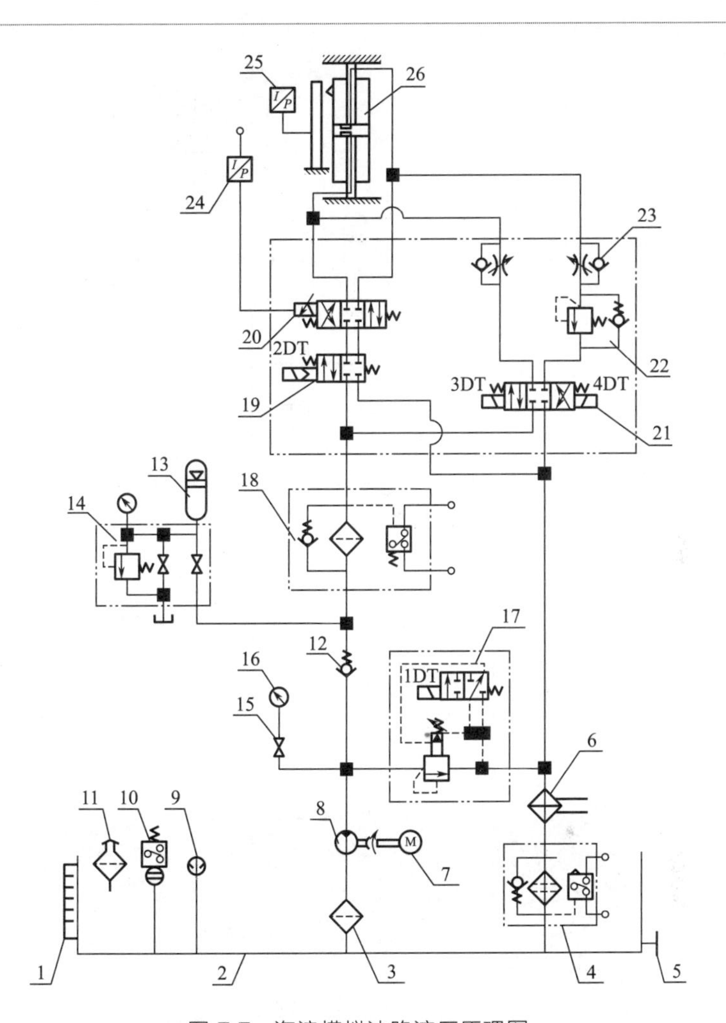

图 7-7 海浪模拟油路液压原理图

1—液位液温计；2—油箱；3—吸油滤油器；4—回油滤油器；5—放油螺塞；6—冷却器；7—电机；8—高压齿轮泵；9—电接点温度计；10—液位控制器；11—空气滤清器；12—板式单向阀；13—蓄能器；14—蓄能器安全阀；15—测压软管；16—耐振压力表；17—电磁溢流阀；18—压力管路过滤器；19—电液换向阀；20—伺服阀；21—三位四通电磁换向阀；22—叠加式平衡阀；23—叠加式单向节流阀；24—压力变送器；25—位移传感器；26—双出杆液压缸（海浪模拟液压缸）

（1）发电油路流量对发电量的影响

在实验过程中，先逐渐增大发电油路的流量，再逐渐减小发电油路的流量，发电系统的扭矩、转速和发电功率的变化曲线如图 7-9 所示。

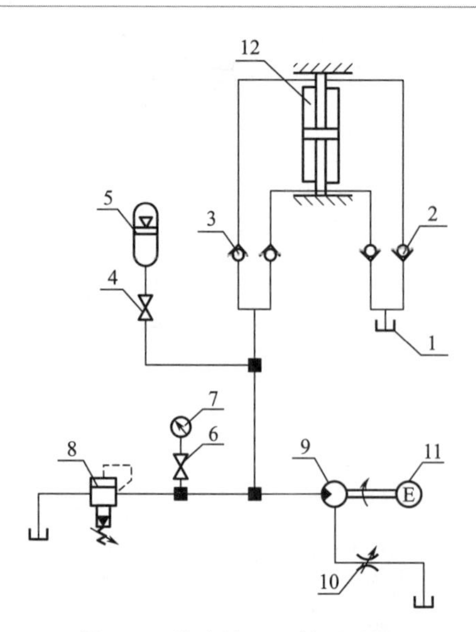

图 7-8 发电液压系统原理图

1—油箱；2，3—板式单向阀；4—高压球阀；5—蓄能器；6—测压软管；7—耐振压力表；8—叠加式溢流阀；9—液压马达；10—板式单向节流阀；11—发电机；12—双出杆液压缸（发电液压缸）

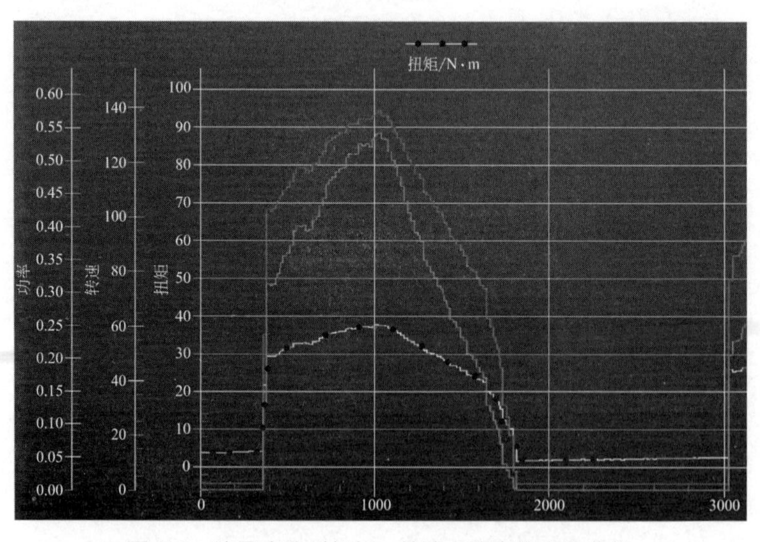

图 7-9 流量变化时扭矩、转速和功率的变化曲线

由图 7-9 可以看出，随着发电油路流量的增大，发电系统的扭矩、转速和发电功率均逐渐增大。

（2）主油路压力对发电系统的扭矩、转速、发电功率的影响

在实验过程中，发电系统的负载为2kW，主动油路压力从1MPa逐步调整到10MPa，发电系统的扭矩、转速和发电功率的变化曲线如图7-10所示。

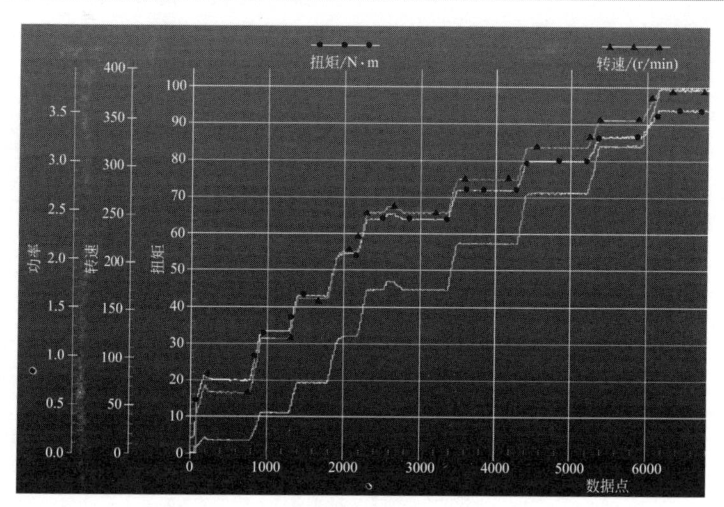

图7-10　主油路压力对发电系统的扭矩、转速、发电功率的影响

由图7-10可看出，在发电负载不变的情况下，随着主油路压力增大，发电系统的转速、扭矩、发电功率均相应增大。

（3）发电负载对发电系统扭矩、转速、发电功率的影响

在实验过程中，主油路的压力为14MPa，发电负载从1kW增至20kW，发电系统的扭矩、转速和发电功率的变化曲线如图7-11所示。

在图7-11中，发电系统的扭矩、转速和发电功率曲线的每个周期均分为两部分，即大振幅阶段和小振幅阶段。大振幅曲线在发电液压缸下行时产生，小振幅曲线在发电液压缸上行时产生。随着发电负载的逐步增大，发电液压缸上行产生的扭矩值变化不明显，转速值逐渐减小，发电功率值也逐渐减小。发电液压缸下行产生的扭矩值逐渐增大，转速值逐渐减小，发电功率值也逐渐减小。

（4）蓄能器对发电系统的影响

在实验过程中，发电油路蓄能器的初始压力为6MPa，主油路系统的压力为14MPa，发电负载为20kW，发电系统的扭矩、转速和发电功率的变化曲线如图7-12所示。关闭蓄能器后，发电系统的扭矩、转速和发

电功率的变化曲线如图 7-13 所示。通过比较可以看出，在蓄能器的作用下，发电系统的扭矩和转速增大，发电功率也相应增大，且发电功率的平稳性也得到增强。

（5）发电负载对发电油路压力的影响

图 7-14～图 7-16 分别为不同发电负载下的发电油路压力曲线。由图可以看出，发电负载越人，发电系统的压力越大，压力波动也越大。

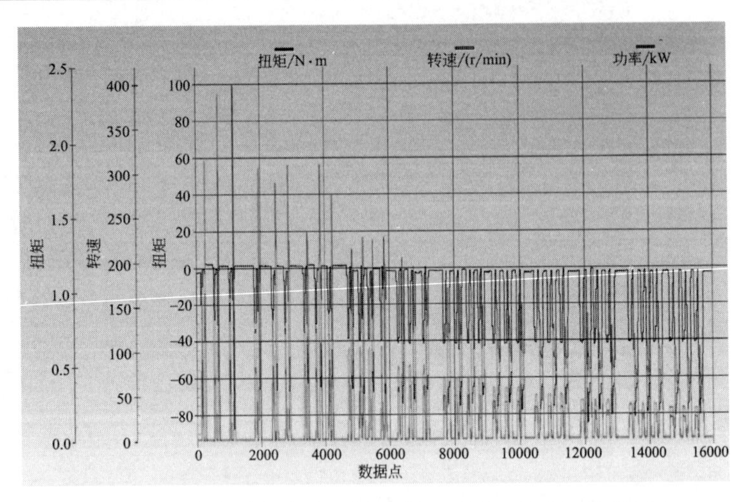

图 7-11 发电负载对发电系统扭矩、转速、发电功率的影响

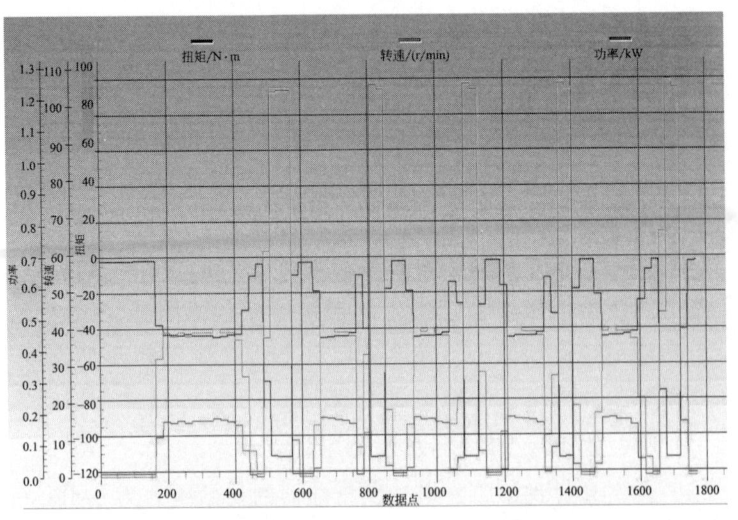

图 7-12 蓄能器开启发电系统的扭矩、转速、发电功率的变化曲线

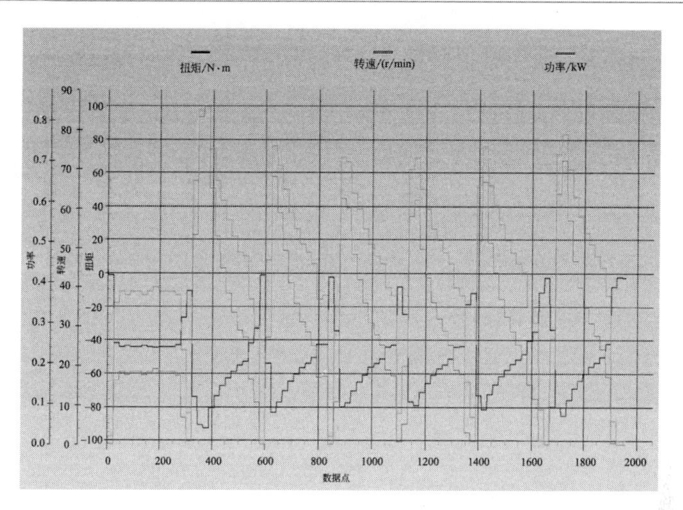

图 7-13 蓄能器关闭发电系统的扭矩、转速、发电功率的变化曲线

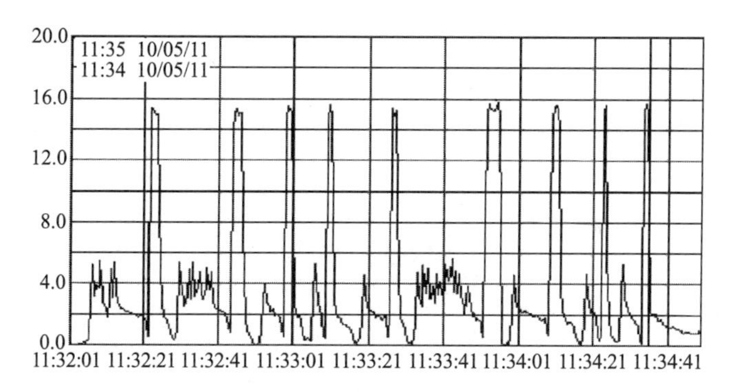

图 7-14 发电负载 15kW 的发电油路压力曲线

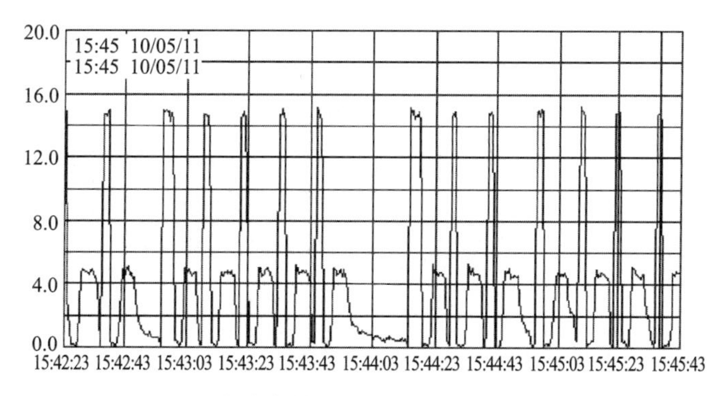

图 7-15 发电负载 10kW 的发电油路压力曲线

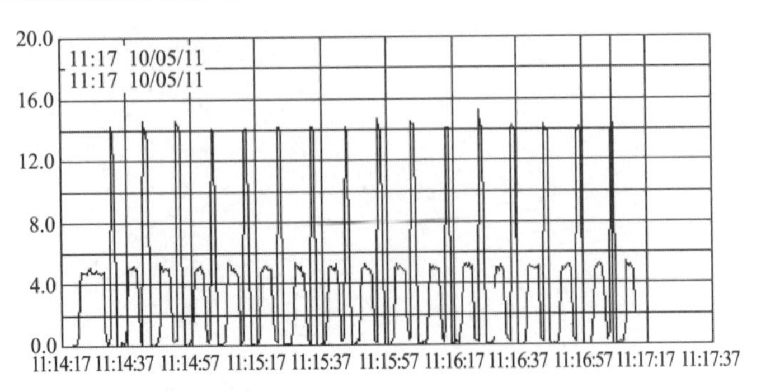

图 7-16 发电负载 5kW 的发电油路压力曲线

7.1.2 小比例模型实验

为了分析浮体在波浪作用下的响应情况，设计并制造了一套缩小比例的波浪能发电模型，如图 7-17～图 7-19 所示。造浪水箱是利用单板旋转原理来造浪，并由调速电机来调节单板的旋转速度，以此来调节不同的造浪情况。

图 7-17 波浪能发电原理模型照片

空载情况：发电机不接任何负载，测量在不同输入转速下水面的位置和浮子的位置，实验数据见表 7-1、表 7-2。

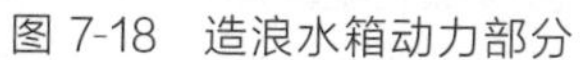

图 7-18 造浪水箱动力部分

图 7-19 电控系统照片

表 7-1 空载时水面位置

平均位置 转速/(r/min)	最高位置/mm	最低位置/mm	高低落差/mm
100	83.3	−33.4	116.7
200	87.7	−33.5	121.2
300	92.3	−40.1	132.4
400	99.2	−48	147.2
500	101.3	−55.1	156.4
600	104.5	−72.7	177.2
700	142.1	−69.1	211.2

表 7-2 空载时浮子位置

平均位置 转速/(r/min)	最高位置/mm	最低位置/mm	高低落差/mm
100	62	18	44
200	65	−0.7	65.7
300	70	−14.7	84.7
400	73.6	−23.5	97.1
500	75.6	−25.7	101.3
600	77.6	−38.5	116.1
700	78.5	−50	128.5

全载情况：发电机接负载，测量在不同输入转速下水面的位置和浮子的位置，实验数据见表 7-3、表 7-4。表格中每组数据均为 10 次实验数据的平均值。

表 7-3 全载时水面位置

平均位置 转速/(r/min)	最高位置/mm	最低位置/mm	高低落差/mm
100	70	−33.6	103.6
200	82.6	−33.7	116.3
300	95	−42.5	137.5

续表

转速/(r/min) \ 平均位置	最高位置/mm	最低位置/mm	高低落差/mm
400	97.3	−56.3	153.6
500	99.5	−62.4	161.9
600	114.9	−78	192.9
700	124.7	−99.7	224.4

表 7-4　全载时浮子位置

转速/(r/min) \ 平均位置	最高位置/mm	最低位置/mm	高低落差/mm
100	25.5	25.5	0
200	26.3	25.1	1.2
300	31.4	23.7	7.7
400	41.1	22	19.1
500	46.7	18.5	28.2
600	48.9	3.6	45.3
700	49.5	−0.8	50.3

随着转速的升高，造浪的落差变大，浮子的上下移动范围也越大。但受波浪反射等的削弱影响，浮子运动位移与浪高的关系并非递增，这在工程样机的设计中需考虑。

7.1.3　海试样机的陆地测试与实验

（1）实验目的

本项目是以提高偏远海岛供电能力和解决无电人口用电问题为目的的独立电力系统示范项目，并可采用包括海岛波浪能以及多种可再生能源互补型的独立电力系统示范项目。

波浪能发电装置组装完成时应进行陆地联调，主要包括资料、电气性能、液压系统、监控系统和整机的测试，确保组装正确。通过对波浪能发电装置的整机进行陆地试验，测试波浪能发电装置各部分（包括液压系统、电气系统和监测系统）的有效性和稳定性，将测试结果和数值模拟结果对比分析，进行最终试验调试，为最终海试做准备。

（2）电气性能的陆地联调

通过利用肉眼观察、万用表测量确定电气系统线路连接是否正常，外观是否存在破损漏电现象，对电线进行人为拉拽，确保线路连接牢固，保证海试过程中电气系统正常工作。

电气系统测试接线图如图 7-20 所示。图 7-21 所示为发电机与负载的连接图，图 7-22、图 7-23 所示为现场实物照片。

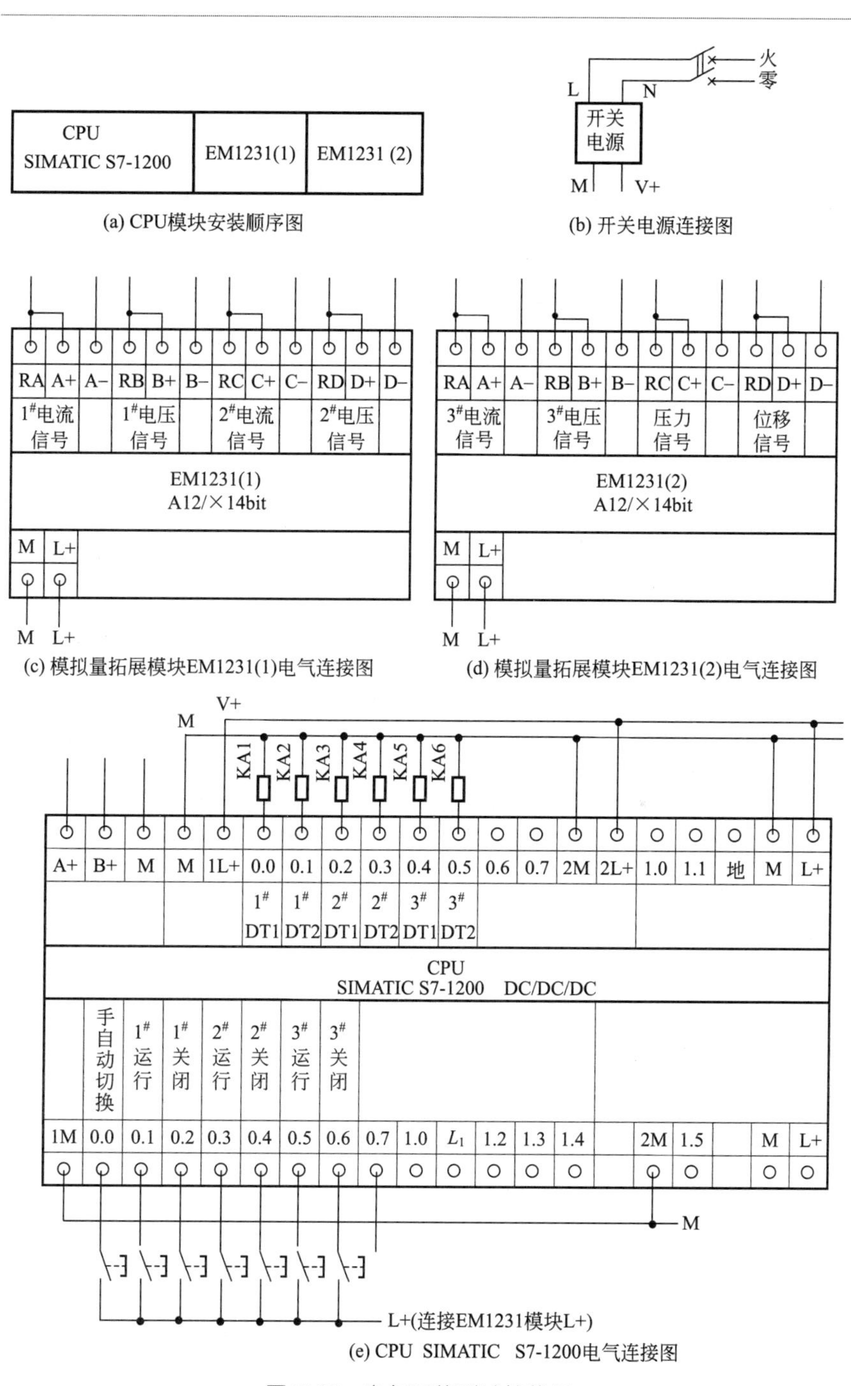

(e) CPU SIMATIC S7-1200电气连接图

图 7-20 电气系统测试接线图

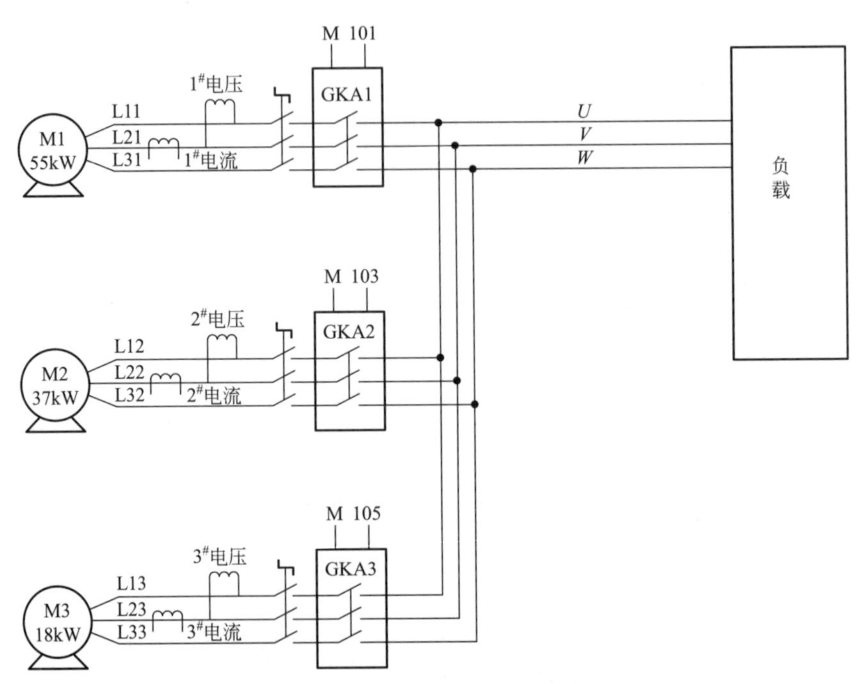

图 7-21 发电机与负载连接原理图

图 7-22 控制箱

图 7-23 负载柜

测试项目：电气性能陆地联调主要检查机组主控系统、发电机系统等的接线。检查各控制柜之间动力和信号线缆的连接紧固程度。检查各金属构架、电气装置和通信装置等电位连接与接地。检查充电回路是否工作正常。检查电缆外观应完好无破损。检查绝缘水平和接地。检查各测量终端是否处于正常工作状态，见表7-5。

表7-5 各测量终端检查

检查项目	检查工具	检查结果
①机组主控系统、发电机系统等的接线	万用表	连接良好
②检查各控制柜之间动力和信号线缆的连接紧固程度	人为拉拽	电线连接牢固
③检查各金属构架、电气装置和通信装置等电位连接与接地	万用表	接地良好
④检查充电回路是否工作正常	万用表	正常
⑤检查电缆外观应完好无破损	肉眼观察	无破损
⑥检查绝缘水平和接地	万用表	绝缘良好
⑦检查各测量终端是否处于正常工作状态	万用表	正常

对电气控制系统各项参数进行测试，确定符合相关机组控制与监测要求，确保各类测量终端调整完毕，符合机组相应检测和保护要求，见表7-6。

表7-6 电气系统测试

测试项目	测试结果
测试系统主要部分工作运行	正常
上位机监控系统运行	正常
数据存储系统运行	正常
测试的动态响应	正常

(3) 液压系统的陆地联调

通过观测液压系统运行，确定液压系统是否存在漏油等现象。利用压力传感器测试液压系统运行压力。用压力表测试蓄能器内部压力，保证其压力能够适合海浪发电系统在合理的范围内，并能有效存储液压能量。用转速传感器测量液压系统运行过程中液压马达的转速，确定转速是否合理。观测液位计测量油箱液压油液面，对液压油进行充分过滤，以确保液压油的清洁度，确保液压系统工作无异常。

图7-24所示为液压系统原理图，图7-25～图7-27所示为现场照片。

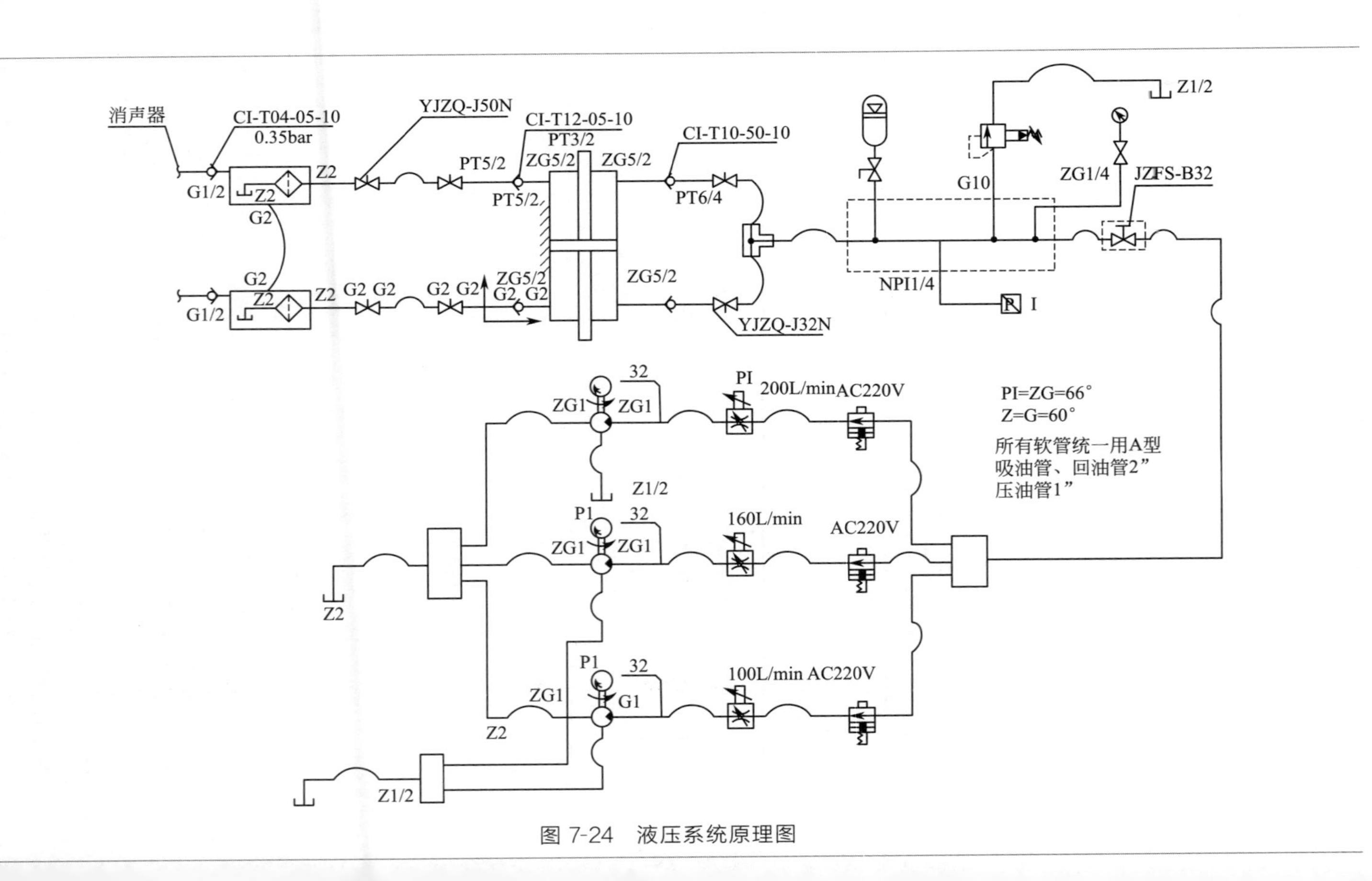

图 7-24 液压系统原理图

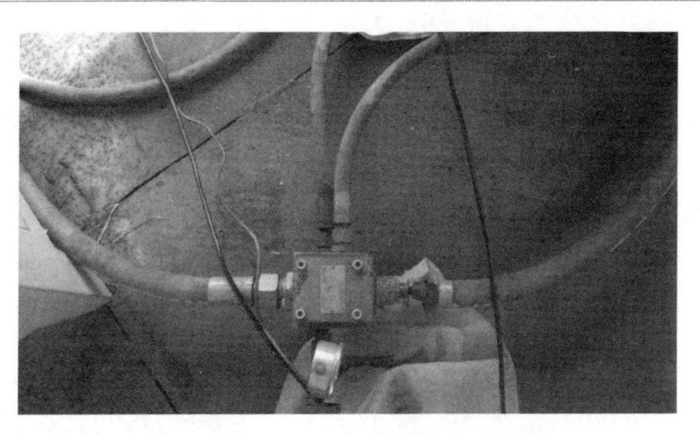

图 7-25 液压过载保护

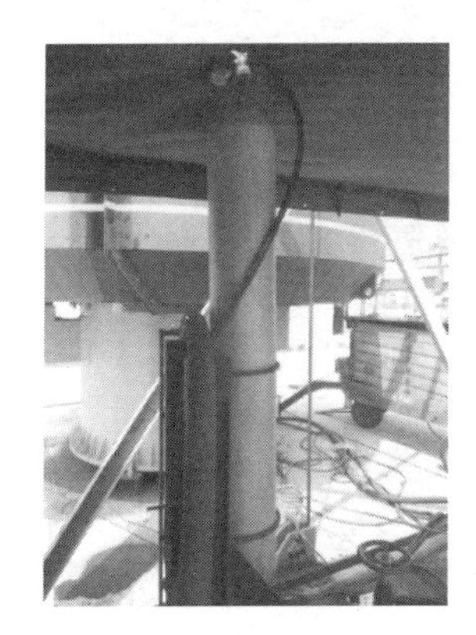

图 7-26 液压蓄能部分

图 7-27 现场工作图

主要检查项目：检查液压管路与元件连接情况有无异常，调节各阀门至工作预定位置。检查液压油位是否正常，确认液压油清洁度满足工作要求。启动系统，观测液压马达与发电机的连接情况，观测发电机旋转方向是否正确，检查系统压力、保压效果、噪声、漏油等情况。检查液压马达和管路衔、连接处，确保加压后回路无渗漏，见表 7-7。

表 7-7 液压系统主要检查项目

检查项目	检查工具	检查结果
①检查液压管路元件连接情况有无异常	肉眼观察	无异常
②检查液压油位是否正常	液位计,取样观察	液位正常,液压油清洁
③启动系统,观察液压马达与发电机的旋转方向是否正确	肉眼观察,转速计	正确

(4) 监控系统的陆地联调

控制系统主要有液压系统和各部件的传感器，以及设备整体运行的位移传感器等，控制系统的运行检测与整机的试验一起完成。

图 7-28～图 7-33 所示为监控系统和传感器的照片，图 7-34 所示为整体调试的照片。

图 7-28 PLC 控制器

图 7-29 控制阀

图 7-30 压力传感器

图 7-31 流量传感器

图 7-32 位移传感器

图 7-33 电压/电流传感器

图 7-34 整体调试

主要检查项目：检查主控制器与监控系统的通信状态是否工作正常，观察主控制器与监控系统的通信中断后的保护指令和故障报警状态。对发电装置进行手动和自动控制，观察监控系统监测的发电装置的运行状态与实际是否相符。通过监控系统远程操作机组，观察机组对控制指令的响应情况，见表 7-8。

表 7-8 监控系统主要检查项目

检查项目	检查工具	检查结果
①主控制器与监控系统的通信状态是否工作正常	现场测试	正常

续表

检查项目	检查工具	检查结果
②手动和自动控制	现场测试	良好
③控制指令的响应情况	现场测试	响应良好

7.1.4 整机的陆地联调

利用机械模拟波浪情况，带动波浪能发电装置进行测试，对波浪能发电装置整机运行，控制系统、电气系统和液压系统的运行情况进行模拟测试，确保波浪能发电装置在模拟状态下的安全稳定运行，对波浪能发电装置进行最后调试。图 7-35 所示为陆地测试模拟装置。

图 7-35 陆地测试模拟装置

主要检测项目：用卷扬机带动能量俘获系统模拟波浪的运动，测试整套装置的安装、配合情况，计算能量转换效率等指标，验证整个系统的功能；选取一年中典型的波浪值、极限值进行模拟，对液压缸、发电机在不同工况下性能进行测试。

7.1.5 数据分析

选取 18kW 电动机，25kW 负载，进行典型陆地实验数据分析，浮子运动位移为 50cm，周期 8s，蓄能器压力为 1.7MPa，节流阀开度为

5.5mm 时，系统输出曲线如图 7-36～图 7-40 所示。

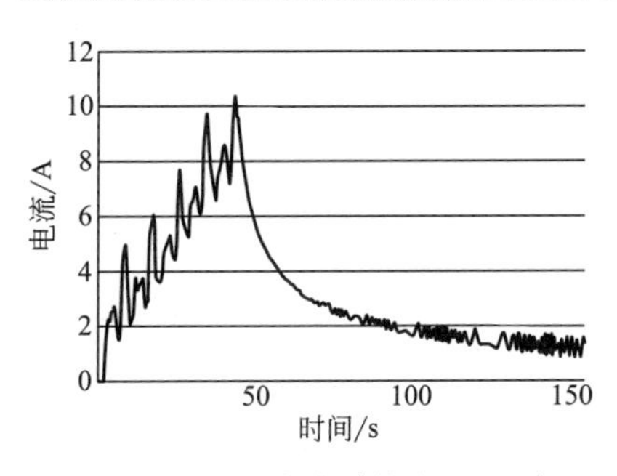

图 7-36　电流曲线（位移 0.5m）

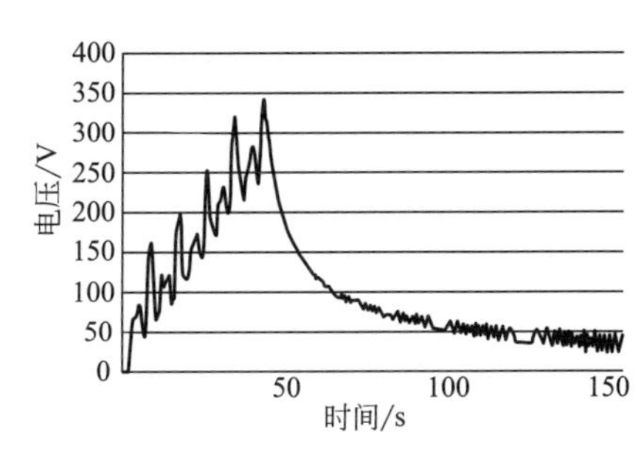

图 7-37　电压曲线（位移 0.5m）

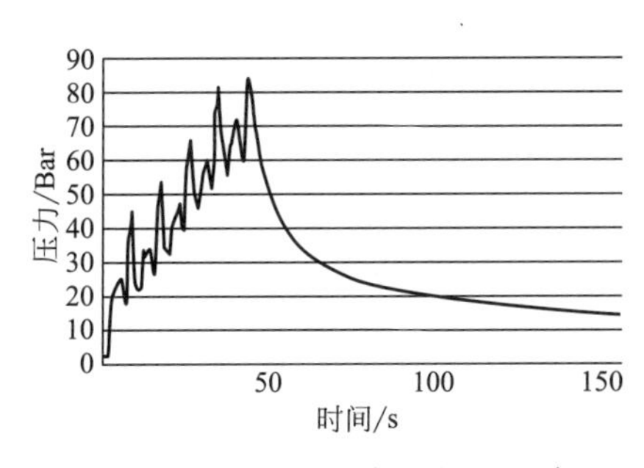

图 7-38　压力曲线（位移 0.5m）

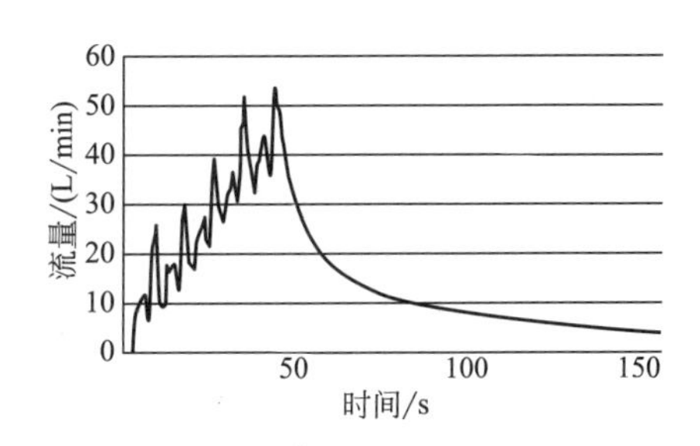

图 7-39　流量曲线（位移 0.5m）

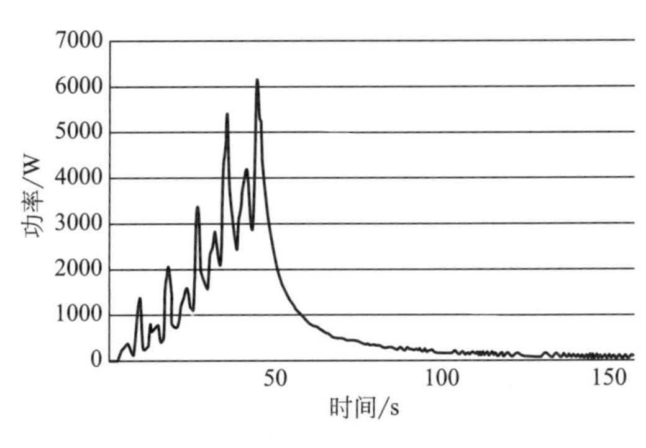

图 7-40　功率曲线（位移 0.5m）

分析以上曲线可得，波浪能发电装置在较小位移时即可输出电能，平均发电功率可达到 4000W，且浮筒停止运动后，可持续输出电能的时间超过 80s，发电装置启动波高小，持续输出电能的能力强。

7.2 海试

7.2.1 海试地点

海试地点位于北纬37°26′40″，东经122°39′30″。该点位于海驴岛西南方向约500m处，该点海底为砂土质，便于发电系统进行锚泊固定，第4季节的海况能够满足项目的试验要求。该点紧靠海驴岛，受海岛及该点东南方向约1000m处“大孤石”礁石的影响，该点无东西向通行船舶，因南侧2000m处为陆地，除养殖船外，该点无其他南北向航行船舶。进出龙眼港西南—东北方向的船舶通常航行于该点北侧航道，航道距该点约2000m；该点距南侧东西向航道约1000m，故不影响往来船只通航。

7.2.2 波浪能发电装置的投放

由于波浪能发电装置高约32m、重约110t，装置的投放需保证安全可靠，并且不破坏发电设备各部件间的配合连接关系。设备投放海中后，设置三口锚（单口锚重11.1t）固定，设备和锚用锚链（110m）连接，三口锚以设备为中心呈三角形布设。表7-6所示为设备组装和投放所需设备。

设备安装部位的经纬度坐标：N：37°23′32″，E：122°42′30″。

转换为WGS-84坐标系为：$X=4140080$，$Y=474172$。

表7-9 设备准备情况

设备名称	规格型号	用途	备注
150t汽车吊	最大起重量150t	安装、拆分设备	
叉车		安装、拆分设备	
起重6号吊船	最大起重量300t	吊运设备	
拖轮1号	300马力①	观察、维护	辅助船舶
GPS	南方9300+	定位	

注：①1马力≈735.5W。

(1) 施工流程及方案

① 场地组装及调试　图7-41所示为波浪能发电系统从加工车间向实施海域装车运输的照片，图7-42～图7-48所示为系统的码头装配照片，图7-49所示为总装完成的照片。

图 7-41 装车运输

图 7-42 码头装配现场

图 7-43 月牙浮体装配

图 7-44 主体立柱装配

图 7-45 浮筒与浮体装配

图 7-46 龙门架装配

图 7-47 锚链

图 7-48 底架与锚链连接

图 7-49 装配完成

② 备航 备航前，应对气象、海况进行详细调查，及时掌握短期预报资料，确定施工日期。作业时的气象、海况条件应满足下列要求：风速不大于 5 级，波高不大于 0.5m。

场地组装及调试合格后，做启航前的准备工作：首先，吊船靠泊于备件场地前沿，利用汽车吊将锚、锚链、锚上浮标等按顺序布置于吊船甲板上，并采取相应措施固定；每口锚上设置的浮标钢丝绳与卷扬机上的钢丝绳接好。然后，吊船锚泊于组装场地前沿水域。在陆上吊车配合下将锚链的一端与设备底盘连接。三根锚链均接好后，吊船用 2 个主钩（吊索 1 号挂 A 钩，吊索 2、3 号挂 B 钩）将设备水平吊起，如图 7-50 所示。在起吊的过程中应保持设备处于水平状态。设备吊起后，吊船后退至宽敞较深水域，将设备缓慢沉入水中（保证密封舱、设备舱浸入水中）检测设备的密封状况。图 7-51 所示为波浪能发电装置的气密性实验照片。气密性检测正常后，将设备起吊至安全高度，利用风绳将设备与船体固定好，避免在航行过程中设备产生大幅度转动。

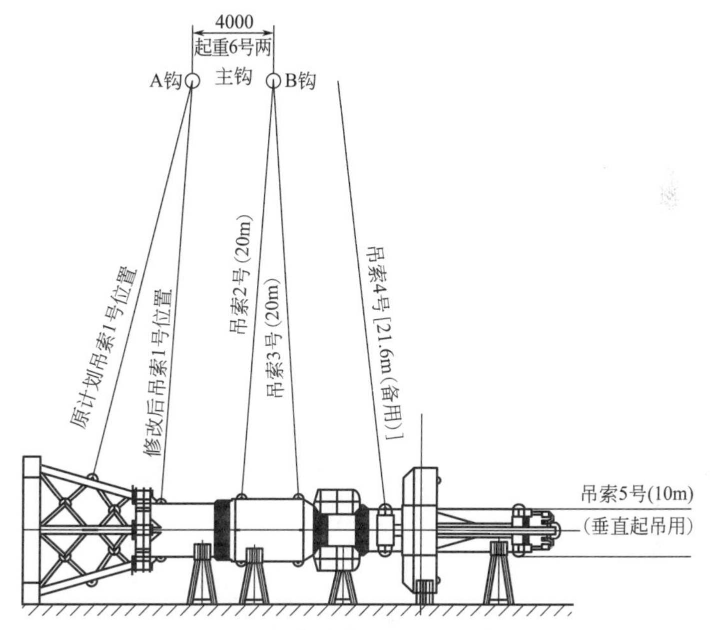

图 7-50　投放过程中吊船吊钩示意图

图 7-51　气密性实验

③ 启航及定位　船舶航行过程中，要保持平稳低速航行。吊船抵达安装地点后，先根据设计坐标（见图 7-52）将船舶抛锚定位。船舶定位时，船体顺流方向锚泊。如果海流方向由北向南，则应使船艏向北。反之则应使船艏向南。图 7-53 所示为备航照片。

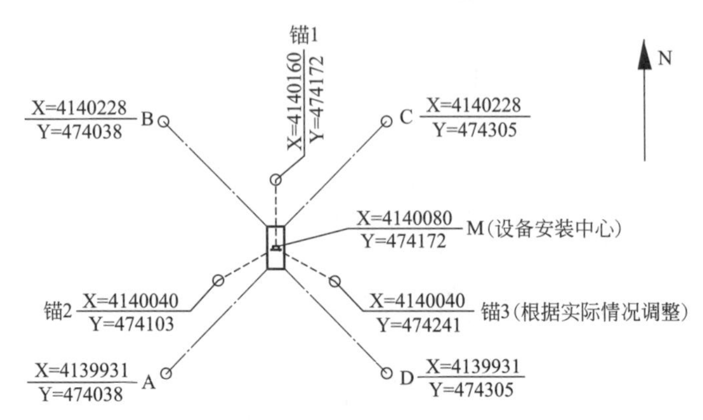

图 7-52　投放坐标

图 7-53　备航

④ 设备安放

锚 1 抛放：由吊船通过收放缆绳，利用 GPS 定位，先将锚 1 定位抛放，利用卷扬机缓慢下放锚 1 的浮标钢丝绳。放至海底后，系好浮标，并将浮标抛于海中。然后将设备移至设计位置。

设备安放：先将设备整体下落，待设备整体进入水中后，再缓慢下落A钩（靠近设备底部的吊钩），随着设备缓慢下放，适时下落B钩，直至设备垂直漂浮，处于自由漂浮状态为止。

在确定设备安装成功后，摘钩，将吊索沉入海中（以备后期设备回收时用）。

锚2、锚3抛放：吊船通过收放缆绳，由GPS定位抛放锚2。最后根据现场设备漂浮情况及锚3的定位角度，通过收放吊船缆绳，使设备处于最佳位置后抛放锚3。

⑤ 观察测试　设备投放后，吊船返回，安排拖轮1值班。若陆地接收到的数据有异常变化，乘坐拖轮1号船前往设备现场进行观察和检查。

⑥ 设备回收　设备回收顺序与安装顺序相反。如图7-54所示，先依次将锚3、锚2起锚，再回收设备本体，最后将锚1起锚。设备本体收回时，吊船A主钩起吊吊索5号，缓慢起升设备，待吊索2、3号根部露出水面后，拖船1号将原沉水中吊索捞起挂在吊船B主钩上，然后起吊B钩，同时下落A钩脱离吊索5。继续起吊设备本体，待露出吊索1号时，先将设备整体水平旋转180°，然后将吊索1号挂在吊船A主钩上，设备水平起吊出水，同样用风绳将设备与吊船固定，返回组装场地，卸下设备。

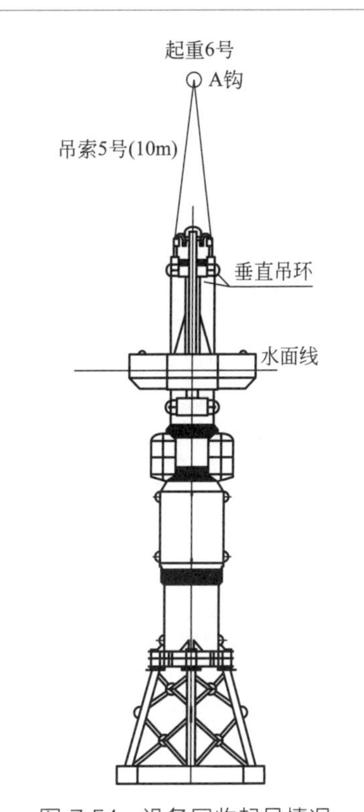

图7-54　设备回收起吊情况

（2）投放过程中的安保措施

① 发布航行通告，组织相关部门协调过往船舶注意避让，以保证施工作业过程中的船舶安全。

② 各种吊点、吊索、卸扣、吊耳焊接等使用前必须经过严格计算，确保安全系数达到规范要求，使用前要核实规格、型号及完好情况。

③ 施工过程中，必须严格按照船舶操作规程组织施工。

④ 船舶启航前，必须收听气象预报并监测海况，预测施工作业期间的气象变化，确定施工时间。

⑤ 施工船舶到达作业区域后，必须悬挂相应的号灯、号型。

⑥ 海上夜间施工必须配备足够的照明设施，照明供电由各作业船上的供电设施提供，照明供电安全由值班电工负责。

⑦ 各锚系设施的浮鼓一律涂刷荧光漆，夜间施工时锚泊标志清楚、醒目。

⑧ 施工船舶的探照灯、导航设备、通信设备、救生设备必须齐全并符合使用要求。

⑨ 该项目施工人员船上作业时必须穿救生衣。

⑩ 各施工作业船舶配备专职安全员。

图 7-55 所示为海浪发电站在海上的吊船运输照片，图 7-56、图 7-57 所示为投放过程照片，图 7-58 所示为海浪发电站投放完成的照片。2012 年 11 月 21 日完成了投放过程，经过 9～10 级大风、3～4m 狂狼后依然漂浮于海上。

图 7-55 吊船运输

图 7-56 投放准备

图 7-57 投放中

图 7-58 投放完成

参考文献

[1] 刘延俊，贺彤彤. 波浪能利用发展历史与关键技术[J]. 海洋技术学报，2017，36（4）：76-81.

[2] Zhang W，Liu Y，Luo H，et al. Experimental and Simulative Study on Accumulator Function in The Process of Wave Energy Conversion[J]. Polish Maritime Research，2016，23（3）：79-85.

[3] Zhang J，Liu Y，He T，et al. The magnetic driver in rotating wave energy converters[J]. Ocean Engineering，2017，142：20-26.

[4] Zhang J，Liu Y，He T，et al. A new type flexible transmission mechanism used in ocean energy converters[J]，Vibroengineering PROCEDIA，2017，11：56-61.

[5] Zhang W，Liu Y. Simulation and Experimental Study in the Process of Wave Energy Conversion[J]. Polish Maritime Research，2016，23（s1）：123-130.

[6] Zhang J，Liu Y，Liu J，et al. Influence of installation deviation on dynamic performance of synchronous magnetic coupling[J]. Vibroengineering PROCEDIA，2017，12：78-83.

[7] Zhang W，Liu Y，Li S，et al. Experimental and simulative study on throttle valve function in the process of wave energy conversion[J]. Advances in Mechanical Engineering，2017，9（6）：168781401771236.

[8] Zhang W，Liu Y J，Li D T，et al. The Simulation and Experiment on Hydraulic and Energy Storage Wave Power Technology[J]. Journal of Computational and Theoretical Nanoscience，2016，13（3）：2056-2064.

[9] 张伟，刘延俊，李德堂等. 电液伺服波浪发电模拟试验台的仿真研究[J]. 太阳能学报，2016，2016（3）：570-576.

[10] 刘延俊，贾瑞，张健. 波浪能发电技术的研究现状与发展前景[J]. 海洋技术学报，2016，35（5）：100-104.

[11] 罗华清，刘延俊，张募群，等. 基于AQWA的波浪能发电装置主浮体水动力特性研究[J]. 船舶工程，2016，2016（4）：39-42.

[12] Hu D D，Liu Y J，Hong L K，et al. Finite Element Analysis for Water Turbine of Horizontal Axis Rotor Wave Energy Converter[J]. Applied Mechanics & Materials，2014，530-531：906-910.

[13] Liu J B，Liu Y J，Li Y. A Review of the Hydrodynamic Characteristics of Heave Plates[J]. Advanced Materials Research，2013，773：65-69.

[14] Peng J J，Liu Y J，Li Y，et al. Modeling and Stability Analysis of Hydraulic System for Wave Simulation[J]. Applied Mechanics & Materials，2013，291-294（22）：1934-1939.

[15] Peng J J，Liu Y J，Li Y，et al. Simulation of Numerical Wave Based on Fluid Volume Function[J]. Advanced Materials Research，2013，614-615：541-545.

[16] Liu Y J，Sun X W，Zheng B. The Finite Element Analysis of the Column of

Wave-Power Generating Device[J]. Advanced Materials Research, 2013, 614-615: 546-549.

[17] Peng J, Liu Y, Liu J, et al. Research of Numerical Wave Generation and Wave Absorption Simulation Based on Momentum Source Method[J]. International Journal of Digital Content Technology & Its Applic, 2013.

[18] Liu Y J, Sun X W, Zheng B. The Finite Element Analysis of the Column of Wave-Power Generating Device[J]. Advanced Materials Research, 2012, 614-615: 546-549.

[19] Li D S, Liu Y J, Peng P J. Study of Wireless Electricity Acquisition System Based on GPRS for Seawave Power[J]. Applied Mechanics & Materials, 2012, 220-223: 1166-1170.

[20] Peng J J, Liu Y J, Li Y, et al. Simulation of Numerical Wave Based on Fluid Volume Function[J]. Advanced Materials Research, 2012, 614-615: 541-545.

[21] 刘延俊，郑波，孙兴旺. 漂浮式海浪发电装置主浮体结构的有限元分析[J]. 山东大学学报（工学版），2012，42（4）：98-102.

[22] 程波. 海浪发电实验装置设计与研究 [D]. 济南：山东大学，2012.

[23] 李超. 全液压漂浮式海浪发电装置流固耦合分析 [D]. 济南：山东大学，2012.

[24] 郝宁. 全液压漂浮式海浪发电装置的结构设计及优化分析 [D]. 济南：山东大学，2012.

[25] 孙兴旺. 漂浮式海浪发电装置的结构动力分析及控制研究 [D]. 济南：山东大学，2013.

[26] 李端松. 海浪发电模拟装置的动静态特性及无线数据采集系统的研究 [D]. 济南：山东大学，2013.

[27] 彭建军. 振荡浮子式波浪能发电装置水动力性能研究 [D]. 济南：山东大学，2014.

[28] 刘计斌. 垂荡阻尼板的水动力分析与设计[D]. 济南：山东大学，2014.

[29] 洪礼康. 漂浮式液压海浪发电装置锚泊系统研究 [D]. 济南：山东大学，2014.

[30] 贾瑞. 横轴转子水轮机波浪能发电装置水动力学特性研究 [D]. 济南：山东大学，2017.

[31] 罗华清. 振荡浮子波浪能发电装置主浮体及系泊系统动力特性研究[D]. 济南：山东大学，2017.

[32] 刘延俊. 液压系统使用与维修. 第 2 版[M]. 北京：化学工业出版社，2015.

[33] 张健，刘延俊，刘科显，贾瑞，丁洪鹏. 一种适用于波浪能发电装置的磁性驱动器性能测试装置[P]. 山东：CN206311327U，2017-07-07.

[34] 刘延俊，薛钢，张伟，张健，刘坤，罗华清，张募群，贾瑞. 一种双液压缸控制的深海多参数测量装置[P]. 山东：CN204373652U，2015-06-03.

[35] 刘延俊，张伟，丁洪鹏，贾瑞，罗华清. 一种利用多能互补供电深度可调的海洋观测装置[P]. 山东：CN205256621U，2016-05-25.

[36] 刘延俊，薛钢，丁洪鹏，刘科显，丁梁锋，张募群. 一种多能互补供电的海洋观测装置[P]. 山东：CN205203318U，2016-05-04.

[37] 刘延俊，谢玉东，彭建军，李超，程波，郝宁，李端松，孙兴旺，崔中凯，刘计斌，李玉. 一种漂浮式全液压海浪发电装置[P]. 山东：CN102269105A，2011-12-07.

[38] 刘延俊，谢玉东，彭建军，李超，程波，郝宁，李端松，孙兴旺，崔中凯，刘计斌，李玉. 漂浮式全液压海浪发电装置[P]. 山东：CN202117839U，2012-01-18.

[39] 王燕，刘邦凡，赵天航. 论我国海洋能的研究与发展[J]. 生态经济（中文版），2017，33（4）：102-106.

[40] 施伟勇，王传崑，沈家法. 中国的海洋能

资源及其开发前景展望[J]. 太阳能学报，2011，32（6）：913-923.

[41] 邱守强. 摆式波能转换装置研究[D]. 广州：华南理工大学，2013.

[42] 鄂世举，金建华等. 波浪能捕获及发电装置研究进展与技术分析[J]. 机电工程，2016（12）.

[43] 王世明，杨倩雯. 波浪能波浪能发电装置综述[J]. 科技视界，2013（06）.

[44] 李彦，罗续业，路宽. 潮流能、波浪能海上试验与测试场建设主要问题分析 [J]. 海洋开发与管理，2013，30（2）：36-39.

[45] 张学超，李向峰，史玉锋等. 海洋能发展现状及展望 [J]. 科技视界，2015,（16）：258.

[46] 王传昆，卢苇. 海洋能资源分析方法及储量评估 [M]. 北京：海洋出版社，2009.

[47] WU S，LIU C，CHEN X. Offshore wave energy resource assessment in the East China Sea [J]. Renewable Energy，2015，76：628-636.

[48] 施伟勇，王传崑，沈家法. 中国的海洋能资源及其开发前景展望 [J]. 太阳能学报，2011,（06）：913-923.

[49] 马怀书，于庆武. 我国毗邻海区表面波能的初步估算 [J]. 海洋通报，1983,（03）：73-82.

[50] 刘首华，杨忠良，岳心阳等. 山东省周边海域波浪能资源评估 [J]. 海洋学报，2015,（07）：108-122.

[51] 吕超，刘爽，王世明等. 海洋可再生能源发电装备技术的发展现状与共性问题研究[J]. 水力发电学报，2015,（02）：195-198.

[52] 赵伟国，刘玉田，王伟胜. 海洋可再生能源发电现状与发展趋势 [J]. 智能电网，2015,（06）：493-499.

[53] ZHENG C W，ZHOU L，JIA B K，et al. Wave characteristic analysis and wave energy resource evaluation in the China Sea [J]. JOURNAL OF RENEWABLE AND SUSTAINABLE ENERGY，2014，6（4）：43101.

[54] 李居跃，何宏舟. 波浪能采集装置技术研究综述 [J]. 海洋开发与管理，2013，30（10）：67-71.

[55] 金翔龙. “十三五”期间我国海洋可再生能源发展的几点思考 [J]. 海洋技术学报，2016，35（5）：1-4.

[56] 朱凯. 组合型振荡浮子波能发电装置液压系统研究 [D]. 青岛：中国海洋大学，2015.

[57] 马哲. 振荡浮子式波浪发电装置的水动力学特性研究 [D]. 青岛：中国海洋大学，2013.

[58] 高人杰. 组合型振荡浮子波能发电装置研究 [D]. 青岛：中国海洋大学，2012.

[59] 史宏达，高人杰，邹华志. 一种振荡浮子波能发电装置的研究 [C]. 北京：中国可再生能源学会 2011 年学术年会，2011.

[60] COIRO D P，TROISE G，CALISE G，et al. Wave energy conversion through a point pivoted absorber：Numerical and experimental tests on a scaled model [J]. Renewable Energy，2016，87 Part 1：317-325.

[61] DE ANDRES A，GUANCHE R，VIDAL C，et al. Adaptability of a generic wave energy converter to different climate conditions [J]. Renewable Energy，2015，78：322-333.

[62] BRAY J W，GE GLOBAL RES. N，NY，USA，FAIR R，et al. Wind and Ocean Power Generators [J]. Applied Superconductivity，IEEE Transactions on，2014，24（3）：294-302.

[63] 李龙，寇保福，刘邱祖，张延军. 基于AMESim 的电液调速系统的设计及仿真分析[J]. 机床与液压, 2015（02）.

[64] 王宝森，徐春红，陈华. 世界海洋可再生能源的开发利用对我国的启示[J]. 海洋开发与管理，2014（06）.

[65] 史丹，刘佳骏. 我国海洋能源开发现状与政策建议[J]. 中国能源，2013（09）.

[66] 郑崇伟，贾本凯，郭随平，庄卉. 全球海

域波浪能资源储量分析[J]. 资源科学，2013(08).

[67] 蔡男，王世明. 波浪能利用的发展与前景[J]. 国土与自然资源研究，2012(06).

[68] 高大晓，王方杰，史宏达，常宗瑜，赵林. 国外波浪能发电装置的研究进展[J]. 海洋开发与管理，2012(11).

[69] 韩冰峰，褚金奎，熊叶胜，姚斐. 海洋波浪能发电研究进展[J]. 电网与清洁能源，2012(2).

[70] 赵丽君，黄晶华，郭庆. 一种新型波浪能液压转换装置——双向输出高压油回路的设计[J]. 可再生能源，2012(01).

[71] 张丽珍，羊晓晟，王世明，梁拥成. 海洋波浪能发电装置的研究现状与发展前景[J]. 湖北农业科学，2011(01).

[72] 李成魁，廖文俊，王宇鑫. 世界海洋波浪能发电技术研究进展[J]. 装备机械，2010(02).

[73] 焦永芳，刘寅立. 海浪发电的现状及前景展望[J]. 中国高新技术企业，2010(12).

[74] 刘美琴，郑源，赵振宙，仲颖. 波浪能利用的发展与前景[J]. 海洋开发与管理，2010(03).

[75] 程友良，党岳，吴英杰. 波力发电技术现状及发展趋势[J]. 应用能源技术，2009(12).

[76] 陈曦. 海洋能-待开发的蓝海[J]. 装备制造，2009(06).

[77] 黄长征，谭建平. 液压系统建模和仿真技术现状及发展趋势[J]. 韶关学院学报，2009(03).

[78] 蒋秋飚，鲍献文，韩雪霜. 我国海洋能研究与开发述评[J]. 海洋开发与管理，2008(12).

[79] 王忠，王传崑. 我国海洋能开发利用情况分析[J]. 海洋环境科学，2006(04).

[80] 任建莉，钟英杰，张雪梅，徐璋. 海洋波能发电的现状与前景[J]. 浙江工业大学学报，2006(01).

[81] 李继刚，李殿森，杨庆保. 从正反两个角度探讨摆式波力电站的吸能机制[J]. 海洋技术，1999(01).

[82] Drew, B, Plummer, A R, Sahinkaya, M N. A review of wave energy converter technology[J], Proceedings of the Institution of Mechanical Engineers, 2009(A8).

[83] XAVIER GARNAUD, CHIANG C. MEI. Wave-power extraction by a compact array of buoys[J], Journal of Fluid Mechanics, 2009.

[84] James Tedd, Jens Peter Kofoed. Measurements of overtopping flow time series on the Wave Dragon, wave energy converter[J], Renewable Energy, 2008(3).

[85] Ross Henderson. Design, simulation, and testing of a novel hydraulic power take-off system for the Pelamis wave energy converter[J], Renewable Energy, 2005(2).

[86] Arthur E. Mynett, Demetrio D. Serman, Chiang C. Mei. Characteristics of Salter's cam for extracting energy from ocean waves. Applied Ocean Research, 1979.

[87] CAMERON L, DOHERTY R, HENRY A, et al. Design of the next generation of the Oyster wave energy converter. 3rd International Conference on Ocean Eenergy, 2010.

[88] 盛松伟. 漂浮鸭式波浪能发电装置研究[D]. 广州：中国科学院广州能源研究所，2012.

[89] Zheng Yonghong, You Yage, Sheng Songwei, et al. An stand-alone stable power generation sytem of floating wave energy [R]. Guangzhou: Research Report of Guang Zhou Institute of Energy Conversation Chinese Academy of Scinece, 2008.

[90] 游亚戈，郑永红，马玉久等. 海洋波浪能独立发电系统的关键技术研究报告[R]. 广

州：中国科学院广州能源研究所研究报告，2006.
[91] 易孟林，朱钒，邹占江等. 自供式伺服变量泵节能液压系统的研究[J]. 华中理工大学学报，1997，25(3)：57-59.
[92] Whittaker T J T. Learning from the Islay wave power plant[A]. Processings of the 1997 IEE Colloquium on Wave Power：An Engineering and Commercial persperpective[C]，London，1997.
[93] 王春行. 液压伺服控制系统（修订本）[M]. 北京：机械工业出版社，1989.
[94] Wang Chunxing. Hydraulic servo control system[M]. Beijing：China Machine Press，1989.
[95] You Yage，Zheng Youhong，Sheng Yongming，et al. Wave energy study in China [J]. China Ocean Engineering，2003，17(1)：101-109.
[96] You Yage，Zheng Yonghong，Ma Yujiu，et al. Research and construction report of the oscillating buoy wave power system[R]. Guangzhou：Guangzhou Institute of Energy Conversion，Chinese Academy of Sciences，2012.
[97] 张皓然. 多点直驱式波浪能发电监控系统设计与开发[D]. 厦门：集美大学，2014.
[98] 韩光华. 越浪式波能发电装置的能量转换系统设计研究[D]. 青岛：中国海洋大学，2013.
[99] 姜琳琳. 海洋浮标波浪能供电装置设计研究[D]. 上海：上海海洋大学，2013.
[100] 黄晶华. 振荡浮子液压式波浪能利用装置的研究[D]. 北京：华北电力大学，2012.
[101] 赵丽君. 多点吸能浮子液压式波浪发电装置中液压系统的分析与试验[D]. 华北电力大学，2012.
[102] 黄炜. 浮力摆式波浪能发电装置仿真与实验研究[D]. 杭州：浙江大学，2012.
[103] 张文喜. 波浪能转换装置设计与仿真研究[D]. 广州：华南理工大学，2011.
[104] 王凌宇. 海洋浮子式波浪发电装置结构设计及试验研究[D]. 大连：大连理工大学，2008.
[105] 李仕成. 振荡浮子式波能转换装置性能的实验研究[D]. 大连：大连理工大学，2006.
[106] 刘海丽. 基于AMESim的液压系统建模与仿真技术研究[D]. 西安：西北工业大学，2006.
[107] 张利平，液压工程简明手册[M]. 北京：化学工业出版社，2011.
[108] 阊耀保，海洋波浪能量综合利用[M]. 上海：上海科学技术出版社，2010.
[109] 褚同金，海洋能资源开发利用[M]. 北京：化学工业出版社，2005.
[110] ChongWei Zheng，Hui Zhuang，Xin Li，XunQiang Li. Wind energy and wave energy resources assessment in the East China Sea and South China Sea[J]. Science China Technological Sciences，2012(1).
[111] Prosenjit Santra，Vijay Bedakihale，Tata Ranganath. Thermal structural analysis of SST-1 vacuum vessel and cryostat assembly using ANSYS[J]，Fusion Engineering and Design，2009(7).
[112] S. Jebaraj，S. Iniyan，L. Suganthi，Ranko Goic. An optimal electricity allocation model for the effective utilisation of energy sources in India with focus on biofuels[J]，Management of Environmental Quality：An International Journal，2008(4).
[113] M. Javed Hyder，M. Asif. Optimization of location and size of opening in a pressure vessel cylinder using ANSYS [J]，Engineering Failure Analysis，2007(1).
[114] Ross Henderson. Design，simulation，and testing of a novel hydraulic power take-off system for the Pelamis

wave energy converter[J], Renewable Energy, 2005(2).

[115] M. Eriksson, J. Isberg, M. Leijon. Hydrodynamic modelling of a direct drive wave energy converter[J], International Journal of Engineering Science, 2005(17).

[116] Ajit Thakker, Thirumalisai Dhanasekaran, Hammad Khaleeq, Zia Usmani, Ali Ansari, Manabu Takao, Toshiaki Setoguchi. Application of numerical simulation method to predict the performance of wave energy device with impulse turbine[J], Journal of Thermal Science, 2003(1).

[117] Yoichi Kinoue, Toshiaki Setoguchi, Tomohiko Kuroda, Kenji Kaneko, Manabu Takao, Ajit Thakker. Comparison of performances of turbines for wave energy conversion[J], Journal of Thermal Science, 2003(4).

[118] L. Huang, S. S. Ge, T. H. Lee. Fuzzy unidirectional force control of constrained robotic manipulators[J], Fuzzy Sets and Systems, 2002(1).

[119] William J. Rider, Douglas B. Kothe. Reconstructing Volume Tracking[J], Journal of Computational Physics, 1998(2).

[120] Thomas Y. Hou, Zhilin Li, Stanley Osher, Hongkai Zhao. A Hybrid Method for Moving Interface Problems with Application to the Hele-Shaw Flow[J], Journal of Computational Physics, 1997(2).

[121] Shea Chen, David B. Johnson, Peter E. Raad. Velocity Boundary Conditions for the Simulation of Free Surface Fluid Flow[J], Journal of Computational Physics, 1995(2).

[122] Lou Jing, Stan R. Massel. A combined refraction-diffraction-dissipation model of wave propagation[J], Chinese Journal of Oceanology and Limnology, 1994(4).

[123] 罗国亮，职菲. 中国海洋可再生能源资源开发利用的现状与瓶颈[J]. 经济研究参考，2012(51).

[124] 郑崇伟，周林. 近10年南海波候特征分析及波浪能研究[J]. 太阳能学报，2012(08).

[125] 鲍经纬，李伟，张大海，林勇刚，刘宏伟，石茂顺. 基于液压传动的蓄能稳压浮力摆式波浪能发电系统分析[J]. 电力系统自动化，2012(14).

[126] 郑崇伟，李训强，潘静. 近45年南海-北印度洋波浪能资源评估[J]. 海洋科学，2012(06).

[127] 王帅，刘小康，陆龙生. 直流式低速风洞收缩段收缩曲线的仿真分析[J]. 机床与液压，2012(11).

[128] 郑崇伟，潘静. 全球海域风能资源评估及等级区划[J]. 自然资源学报，2012(03).

[129] 郑崇伟，李训强. 基于WAVEWATCH-Ⅲ模式的近22年中国海波浪能资源评估[J]. 中国海洋大学学报（自然科学版），2011(11).

[130] 李丹，白保东，俞清，朱宝峰. 漂浮式海浪发电系统研究[J]. 太阳能学报，2011(10).

[131] 郑崇伟，周林，周立佳. 西沙、南沙海域波浪及波浪能季节变化特征[J]. 海洋科学进展，2011(04).

[132] 施伟勇，王传崑，沈家法. 中国的海洋能资源及其开发前景展望[J]. 太阳能学报，2011(06).

[133] 杨潇坤，杨阳，吕容君. 海底固定式波浪发电研究报告[J]. 科技风，2011(07).

[134] 高艳波，柴玉萍，李慧清，陈绍艳. 海洋可再生能源技术发展现状及对策建议[J]. 可再生能源，2011(02).

[135] 张文喜，叶家玮. 摆式波浪能发电技术研究[J]. 广东造船，2011(01).

[136] 肖惠民，于波，蔡维由. 世界海洋波浪能发电技术的发展现状与前景[J]. 水电与新能源，2011(01).
[137] 张丽珍，羊晓晟，王世明，梁拥成. 海洋波浪能发电装置的研究现状与发展前景[J]. 湖北农业科学，2011(01).
[138] 沈利生，张育宾. 海洋波浪能发电技术的发展与应用[J]. 能源研究与管理，2010(04).
[139] 闫强，陈毓川，王安建，王高尚，于汶加，陈其慎. 我国新能源发展障碍与应对：全球现状评述[J]. 地球学报，2010(05).
[140] 刘赞强，张宁川. 基于Longuet-Higgins模型的畸形波模拟方法[J]. 水道港口，2010(04).
[141] 王坤林，游亚戈，张亚群. 海岛可再生独立能源电站能量管理系统[J]. 电力系统自动化，2010(14).
[142] 游亚戈，李伟，刘伟民，李晓英，吴峰. 海洋能发电技术的发展现状与前景[J]. 电力系统自动化，2010(14).
[143] 李成魁，廖文俊，王宇鑫. 世界海洋波浪能发电技术研究进展[J]. 装备机械，2010(02).
[144] 张振，肖阳，谌瑾. 基于直线电机的波浪能发电系统综述[J]. 船电技术，2010(06).
[145] 焦永芳，刘寅立. 海浪发电的现状及前景展望[J]. 中国高新技术企业，2010(12).
[146] 戴庆忠. 潮流能发电及潮流能发电装置[J]. 东方电机，2010(02).
[147] 刘美琴，郑源，赵振宙，仲颖. 波浪能利用的发展与前景[J]. 海洋开发与管理，2010(03).
[148] 丛滨. 基于波能理论建立海浪模型的方法研究[J]. 硅谷，2010(05).
[149] 徐锭明，曾恒一. 大力加强我国海洋能研究开发利用[J]. 中国科技投资，2010(03).
[150] 张大海，李伟，林勇刚，刘宏伟，应有. 基于AMESim的海流能发电装置液压传动系统的建模与仿真[J]. 太阳能学报，2010(02).
[151] 程友良，党岳，吴英杰. 波力发电技术现状及发展趋势[J]. 应用能源技术，2009(12).
[152] 刘美琴，仲颖，郑源，赵振宙. 海流能利用技术研究进展与展望[J]. 可再生能源，2009(05).
[153] 刘寅立，焦永芳. 波能转换过程中的数学模型综述[J]. 中国高新技术企业，2009(18).
[154] 谢秋菊，廖小青，卢冰，陈晓华. 国内外潮汐能利用综述[J]. 水利科技与经济，2009(08).
[155] 杜祥琬，黄其励，李俊峰，高虎. 我国可再生能源战略地位和发展路线图研究[J]. 中国工程科学，2009(08).
[156] 崔琳，王海峰，熊焰，郭毅，黄勇，王鑫，杨立. 波浪能发电系统转换效率实验室测试技术研究[J]. 海洋技术，2009(02).
[157] 任建莉，罗誉娅，陈俊杰，张雪梅，钟英杰. 海洋波浪信息资源评估系统的波力发电应用研究[J]. 可再生能源，2009(03).
[158] 孟嘉源. 中国海洋电力业的开发现状与前景[J]. 山西能源与节能，2009(02).
[159] 张大海，李伟，林勇刚，应有，杨灿军. 基于液压传动的海流能蓄能稳压发电系统仿真[J]. 电力系统自动化，2009(07).
[160] 刘寅立，焦永芳. 波浪能开发与利用研究进展[J]. 中国高新技术企业，2009(02).
[161] 蒋秋飚，鲍献文，韩雪霜. 我国海洋能研究与开发述评[J]. 海洋开发与管理，2008(12).
[162] 龚媛. 世界波浪发电技术的发展动态[J]. 电力需求侧管理，2008(06).
[163] 赵世明，刘富铀，张俊海，张智慧，白杨，张榕. 我国海洋能开发利用发展战略研究的基本思路[J]. 海洋技术，2008(03).
[164] 游亚戈. 我国海洋能产业状况[J]. 高科技与产业化，2008(07).

[165] 勾艳芬，叶家玮，李峰，王冬姣. 振荡浮子式波浪能转换装置模型试验[J]. 太阳能学报，2008(04).

[166] 商雪，李树森. 电动造波机的研究与设计[J]. 港工技术，2008(02).

[167] 戴庆忠. 潮汐发电的发展和潮汐电站用水轮发电机组[J]. 东方电气评论，2007(04).

[168] 吴必军，游亚戈，马玉久，李春林. 波浪能独立稳定发电自动控制系统[J]. 电力系统自动化，2007(24).

[169] 李春华，张德会. 国外可再生能源政策的比较研究[J]. 中国科技论坛，2007(12).

[170] 刘富铀，赵世明，张智慧，徐红瑞，孟洁，张榕. 我国海洋能研究与开发现状分析[J]. 海洋技术，2007(03).

[171] 陶果，邱阿瑞，邓琦，范航宇. 新型直线波力发电机定位力分析[J]. 微电机，2007(06).

[172] 苏永玲，余克志. 振荡浮子式波浪能转换装置的优化计算[J]. 上海水产大学学报，2007(02).

[173] 吴必军，邓赞高，游亚戈. 基于波浪能的蓄能稳压独立发电系统仿真[J]. 电力系统自动化，2007(05).

[174] 平丽，董国海，游亚戈，李仕成. 地形对岸式波能装置性能的影响研究[J]. 计算力学学报，2007(01).

[175] 李峰，叶家玮，勾艳芬. 波浪发电系统研究[J]. 广东造船，2006(04).

[176] 王忠，王传崑. 我国海洋能开发利用情况分析[J]. 海洋环境科学，2006(04).

[177] 袁思锐. 世界海洋发电技术的发展展望[J]. 大电机技术，2006(05).

[178] 盛松伟，游亚戈，马玉久. 一种波浪能实验装置水动力学分析与优化设计[J]. 海洋工程，2006(03).

[179] 黄铭，George A. Aggidis. 英国波浪发电设备及其系泊系统的研究[J]. 水电能源科学，2006(04).

[180] 黄忠洲，余志，蒋念东. OWC 波能转换装置输出控制技术的研究[J]. 节能技术，2006(03).

[181] 任建莉，钟英杰，张雪梅，徐璋. 海洋波能发电的现状与前景[J]. 浙江工业大学学报，2006(01).

[182] 高学平，李昌良，张尚华. 复杂结构形式的海堤波浪力及波浪形态数值模拟[J]. 海洋学报(中文版)，2006(01).

[183] 李晓英. 海洋可再生能源发展现状与趋势[J]. 四川水力发电，2005(06).

[184] 范航宇，邱阿瑞，陶果. 一种漂浮式波浪发电装置的电能后处理[J]. 电气应用，2005(09).

[185] 马延德，关伟姝，王言英. 波浪中浮式生产储油船(FPSO)的运动与荷载计算[J]. 哈尔滨工程大学学报，2005(04).

[186] 刘加海，杨永全，张洪雨，李刚. 二维数值水槽波浪生成过程及波浪形态分析[J]. 四川大学学报(工程科学版)，2004(06).

[187] 高祥帆，游亚戈. 海洋能源利用进展[J]. 中国高校科技与产业化，2004(06).

[188] 邓隐北，熊雯. 海洋能的开发与利用[J]. 可再生能源，2004(03).

[189] 李伟，赵镇南，王迅，刘奕晴. 海洋温差能发电技术的现状与前景[J]. 海洋工程，2004(02).

[190] Yoichi Kinoue，Toshiaki Setoguchi，Tomohiko Kuroda，Kenji Kaneko，Manabu Takao，Ajit Thakker. Comparison of Performances of Turbines for Wave Energy Conversion[J]. Journal of Thermal Science，2003(04).

[191] 苏永玲，谢晶，葛茂泉. 振荡浮子式波浪能转换装置研究[J]. 上海水产大学学报，2003(04).

[192] 刘正奇. 波浪发电装置低输出状态的利用研究[J]. 机电工程技术，2003(06).

[193] 唐黎标. 海水盐差发电[J]. 太阳能，2003(02).

[194] 梁贤光，孙培亚，游亚戈. 汕尾 100kW 波力电站气室模型性能试验[J]. 海洋工

程，2003（01）.
[195] 李孟国，王正林，蒋德才. 近岸波浪传播变形数学模型的研究与进展[J]. 海洋工程，2002（04）.
[196] 刘月琴，武强. 岸式波力发电装置水动力性能试验研究[J]. 海洋工程，2002（04）.
[197] 武全萍，王桂娟. 世界海洋发电状况探析[J]. 浙江电力，2002（05）.
[198] 陈汉宝，郑宝友. 水槽造波机参数确定及无反射技术研究[J]. 水道港口，2002（02）.
[199] 娄小平. 海浪发电技术应用的最新进展[J]. 国际电力，2001（03）.
[200] 王德茂. 波浪能风能的联合发电装置[J]. 能源技术，2001（04）.
[201] 杜文朋，包凤英，戴哈莉. 浅议当今世界海洋发电的发展趋势[J]. 广东电力，2001（01）.
[202] 邱大洪，王永学. 21世纪海岸和近海工程的发展趋势[J]. 自然科学进展，2000（11）.
[203] 闻邦椿，李以农，何京力. 波及波能利用技术的最新发展[J]. 振动工程学报，2000（01）.
[204] 王庆一. 中国21世纪能源展望[J]. 山西能源与节能，2000（01）.
[205] 徐柏林，马勇，金英兰. 当今世界海洋发电发展趋势[J]. 发电设备，2000（01）.
[206] 梁贤光，蒋念东，王伟，孙培亚. 5kW后弯管波力发电装置的研究[J]. 海洋工程，1999（04）.
[207] 李孟国，蒋德才. 关于波浪缓坡方程的研究[J]. 海洋通报，1999（04）.
[208] 刘全根. 世界海洋能开发利用状况及发展趋势[J]. 能源工程，1999（02）.
[209] 李继刚，李殿森，杨庆保. 从正反两个角度探讨摆式波力电站的吸能机制[J]. 海洋技术，1999（01）.
[210] 李继刚. 摆式波力电站中几个重要参数的设计[J]. 海洋技术，1998（01）.
[211] 王传昆. 我国海洋能资源开发现状和战略目标及对策[J]. 动力工程，1997（05）.
[212] 徐洪泉，潘罗平，李飞. 轴流式水轮机轴向水推力测试研究[J]. 水利水电技术，1996（12）.
[213] 阎季惠. 国外海洋能的利用及我国的海洋能开发[J]. 海洋技术，1996（02）.
[214] 余志，蒋念东，游亚戈. 大万山岸式振荡水柱波力电站的输出功率[J]. 海洋工程，1996（02）.
[215] 余志. 我国海洋波浪能的应用与发展[J]. 太阳能，1995（04）.
[216] 陈加菁，王冬蛟，王龙文. 波浪发电系统的水动力匹配准则[J]. 水动力学研究与进展（A辑），1995（06）.
[217] 陈加菁，王龙文. 波力发电方案的工程性探讨[J]. 海洋工程，1995（01）.
[218] 金忠青，戴会超. 坝下消能工局部水流的数值模拟[J]. 水动力学研究与进展（A辑），1994（02）.
[219] 梁贤光，高祥帆，郑文杰，余志，蒋念东，侯湘琴，游亚戈. 珠江口岸式波力试验电站[J]. 海洋工程，1991（03）.
[220] 苏伟东. 不规则波浪模拟的基本原理[J]. 河海大学学报，1988（04）.
[221] 余志. 波动理论在海洋波浪能利用中的应用[J]. 自然杂志，1987（10）.
[222] 陈加菁，何明楷. 波能转换装置在不规则波中的性能[J]. 华南工学院学报（自然科学版），1986（04）.
[223] 吴碧君. 关于波力发电中波浪能量的估算[J]. 海洋工程，1985（01）.
[224] 王传崑. 我国沿岸波浪能资源状况的初步分析[J]. 东海海洋，1984（02）.
[225] 刘鹤守，高祥帆. 海洋波浪能与波能转换[J]. 自然杂志，1982（05）.